拡散モデル

Diffusion
Models

岡野原 大輔
Daisuke Okanohara

拡散モデル
データ生成技術の数理

岩波書店

はじめに：爆発的に応用が広がる拡散モデル

拡散モデルはデータを生成できるモデル、いわゆる生成モデルの1つで、注目を集めている。拡散モデルはその生成品質の高さや用途の多様性だけでなく、これまでの生成モデルにはない高い拡張性があり、多くの分野で急速に使われ始めている。

拡散モデルを利用した成果の代表例は、2022年に登場したDALL-E2やMidjourney、Stable Diffusionであろう。これらのサービス／ソフトウェアは、ユーザーが指定したテキストに対応する画像を生成する。その際、生成対象だけでなく、そのスタイルやテーマを自由に指定することができる。そのため世界中の多くのユーザーの注目を集めており、既に膨大な量の作品が生成されている。自然言語がカバーする膨大な対象、スタイル、テーマに対応する高品質な画像を生成できるこれらのサービスの技術の根幹が拡散モデルであり、そのポテンシャルの高さを示している。

拡散モデルは従来の生成モデルと比べて優れた点が多くある。1つ目は、学習が安定していることである。拡散モデルでは1つのモデルで安定した最尤推定を使って学習すればよく、敵対的生成モデル（例えばGAN）のように学習が不安定ではなく、また変分自己符号化器（VAE）のように生成モデルと同時に認識モデルを学習する必要がない。2つ目は、難しい生成問題を簡単な部分生成問題に自動的に分解し、難しいデータ対象も生成できるように学習できることである。拡散モデルの生成過程は、多くの確率層を使った非常に深いネットワークとみなすことができる。この特徴をもとに、拡散モデルは生成モデルとしては初めて、複雑な動画生成の学習にも成功した。3つ目は、様々な条件付き生成を実現できる点である。ガイダンスとよばれる仕組みを使って、後付け（プラグイン）で条件付けを実現でき、さらにその条件付けの強さを自由に設定でき、品質と多様性のトレードオフをとれる。この特徴はエネルギーベースモデルがもつが、学習や推論が難しかった。拡散モデルは初めて大規模なエネルギーベースモデルを実現したといえる。4つ目は、生成における対称性、不

変性を組み込むことができる点である。世の中の様々な現象やデータには対称性がみられるが、拡散モデルを使ってこうした対称性を満たすような生成モデルを設計することができる。

拡散モデルでは、データにノイズを徐々に加えていき、データを完全なノイズに変換する拡散過程を考える。そして、この拡散過程を逆向きにたどる逆拡散過程によって生成過程を定義する。すなわち、完全なノイズから徐々にノイズを除去するデノイジングによってデータを生成する。このように、拡散モデルはデータを破壊することで、その生成方法を学習するというユニークなアイディアに基づいている。

拡散モデルは潜在変数モデルに基づく生成モデルとみなすことができる。潜在変数モデルに基づく生成モデルは、はじめに潜在変数を生成し、次に潜在変数から観測データを生成する。拡散モデルでは、最初のノイズや途中のノイズを加えたデータが潜在変数であるとみなせる。

潜在変数モデルは学習の際、観測データからそれを生成している潜在変数を推定する必要があり、これを実現するのが認識モデルである。一般に生成過程が単純であったとしても、観測データに対する潜在変数の事後確率分布は複雑になりやすく、生成モデルより認識モデルの学習のほうが難しい。拡散モデルは、学習の必要がない固定の拡散過程を認識モデルとして使っているとみなすことができ、生成モデルのみを学習する。拡散過程は事後確率分布が潰れてしまう、いわゆるモード崩壊が発生せず、また、入力に対応する任意の深さにある潜在変数の事後確率分布を解析的に求められるという優れた性質をもつ。

拡散モデルの学習は、様々な強さのノイズを加えたデータから、加えられたノイズを推定するデノイジングスコアマッチングとよばれるタスクを解くことで実現される。生成時には、推定されたノイズを使ってデノイジングしていくことでデータを生成することができる。

一方、対数尤度の入力についての勾配、つまり対数尤度が最も急激に増加する方向を表すベクトルをスコアとよぶ。そして、本書ではデノイジングスコアマッチングによって得られるデノイジングベクトルとスコアが一致することをみる。そして、拡散モデルは様々な強さのノイズを加えた攪乱後分布上のスコアに従ってデータを遷移していくランジュバン・モンテカルロ法を使ってデー

タを生成しているとみなすことができる。

　拡散過程はノイズを加えていくステップを極限まで細かくしていくことにより確率微分方程式（SDE）に変換でき、さらに同じ確率分布を表す常微分方程式（ODE）に変換できることをみていく。このようにして拡散モデルは、SDE、ODE の分野で発展している様々な理論や手法を利用することができる。例えば、ODE に変換することによって、拡散モデルはデータ分布からノイズ分布への決定的な過程で変換される可逆変換を与えることができる。これによりデータの対数尤度を不偏推定することができたり、データの潜在表現を得ることができる。

　拡散モデルは登場してまだ間もない。2015 年に拡散モデルの最初のアイディアが Jascha Sohl-Dickstein 氏らによって発表された。非平衡熱力学に基づく手法であり、まったく新しいアプローチであった。しかし当時は GAN やVAE が大きく成功しはじめた頃であり、また拡散モデルの生成品質も十分ではなく、しばらくは注目されなかった。

　2019 年に Yang Song 氏が、スコアを使った生成モデルであるスコアベースモデルを提案し、その際に、データに様々な強さのノイズを加えた複数の攪乱後分布上のスコアを組み合わせることにより高品質なデータ生成ができることを示した。2020 年に Jonathan Ho 氏らによって拡散モデルが再発見され、拡散モデルとスコアベースモデルが統一的なデノイジングスコアマッチングの枠組みで扱えること、また、デノイジングに使うモデル（ニューラルネットワークアーキテクチャ）を工夫することにより他の生成モデルに匹敵する生成品質を達成できることが示された。

　そして 2021 年には拡散モデルの SDE 化や ODE 化が示された。また、実際のアプリケーションにおいて重要である、条件付き生成が示された。こうした発展をみるなかで、拡散モデルの優れた点が注目され、画像や音声、点群、化合物の生成など、多くの問題に対して拡散モデルが急速に使われるようになった。さらに、生成以外にも補完や編集、超解像、データ圧縮、敵対的摂動に対する頑健性向上などにおいても従来手法を凌駕する性能が達成できることが示され、爆発的に応用が広がっていった。

　本書では拡散モデルの基本的な考え方から、その発展的な捉え方と、その応

用について解説する。なお本書では拡散モデルの考え方や数理的な構造に注目し、発展を支えているもう1つの重要な柱であるディープラーニングやニューラルネットワークについては詳しく取り上げていない。これらについては他のディープラーニングの文献（例えば拙著の文献 [1] [2] など）などを参考にしてほしい。

　本書を通じて、生成モデルの可能性に興味をもっていただけたらと思う。

　本書に書くにあたって拡散モデルやその周辺技術に関わる研究開発や実用化を進めてきた研究者やエンジニアの方々に感謝いたします。また、本書の執筆にあたって初期の原稿を株式会社 Preferred Networks の同僚／元同僚の方々に読んでいただきフィードバックをいただきました。井形秀吉さん、石黒勝彦さん、いもすさん、菊池悠太さん、小寺正明さん、小林颯介さん、小山雅典さん、髙木士さん、中鉢魁三郎さん、永尾学さん、中郷孝祐さん、西村亮彦さん、林亮秀さん、日暮大輝さん、平松淳さん、三上裕明さん、宮戸岳さん、森山拓郎さん、山川要一さん(50 音順)。ここに感謝申し上げます。一方、もし本書中に不備や間違いなどがありましたら筆者の責任です。最後に本書の完成をサポートしていただきました岩波書店の田中太郎さんに感謝します。ありがとうございました。

岡野原 大輔

目 次

はじめに：爆発的に応用が広がる拡散モデル

記号一覧

1 生成モデル …………………………………………………… 1

1.1 生成モデルとは何か ……………………………… 1

1.2 エネルギーベースモデル・分配関数 ……………… 3

1.3 学習手法 …………………………………………… 5

1.4 高次元で多峰性のあるデータ生成の難しさ ……… 11

1.5 スコア：対数尤度の入力についての勾配 ………… 13

   1.5.1 ランジュバン・モンテカルロ法 14

   1.5.2 スコアマッチング 16

   1.5.3 暗黙的スコアマッチング 17

   1.5.4 暗黙的スコアマッチングがスコアを
       推定できることの証明 19

   1.5.5 デノイジングスコアマッチング 22

   1.5.6 デノイジングスコアマッチングが
       スコアを推定できることの証明 26

   1.5.7 ノイズが正規分布に従う場合の証明 28

   1.5.8 スコアマッチング手法のまとめ 31

   第 1 章のまとめ ………………………………………… 32

2 拡散モデル …………………………………………………… 33

2.1 スコアベースモデルと
   デノイジング拡散確率モデル ……………………… 33

2.2 スコアベースモデル ……………………………… 34

2.2.1　推定したスコアを使った
ランジュバン・モンテカルロ法の問題点　34

2.2.2　スコアベースモデルは複数の攪乱後分布の
スコアを組み合わせる　36

2.3　デノイジング拡散確率モデル ……………………………… 39

2.3.1　拡散過程と逆拡散過程からなる潜在変数モデル　40
任意時刻の拡散条件付確率の証明　42
DDPM は生成過程の一部分を抜き出して学習できる　43

2.3.2　DDPM の学習　44
式 (2.4) $q(\mathbf{x}_{t-1}|\mathbf{x}_t,\mathbf{x}_0)$ の証明　47

2.3.3　DDPM からデノイジングスコアマッチングへ　48

2.3.4　DDPM を使ったデータ生成　53

2.4　SBM と DDPM のシグナルノイズ比を使った
統一的な枠組み ……………………………………… 54

2.4.1　SBM と DDPM の関係　54
式 (2.9) $q(\mathbf{x}_t|\mathbf{x}_s)$ の平均と分散の証明　55
目的関数はシグナルノイズ比によって表される　58

2.4.2　連続時間モデル　60

2.4.3　ノイズスケジュールによらず同じ解が得られる　61

2.4.4　学習可能なノイズスケジュール　63

第 2 章のまとめ ……………………………………………… 64

3　連続時間化拡散モデル ……………………………………… 65

3.1　確率微分方程式 …………………………………… 66

3.2　SBM と DDPM の SDE 表現 …………………………… 67

3.3　SDE 表現の逆拡散過程 ………………………………… 69

3.4　SDE 表現の拡散モデルの学習 ……………………… 70

3.5　SDE 表現の拡散モデルのサンプリング ………… 72

3.6　確率フロー ODE ………………………………… 72

3.6.1　確率フロー ODE と SDE の周辺尤度が一致する証明　74

3.6.2　確率フロー ODE の尤度計算　76

3.6.3　シグナルとノイズで表される確率フロー ODE　77

3.7　拡散モデルの特徴 ……………………………………　78

3.7.1　従来の潜在変数モデルとの関係　78

3.7.2　拡散モデルは学習が安定している　79

3.7.3　複雑な生成問題を
簡単な部分生成問題に分解する　80

3.7.4　様々な条件付けを組み合わせることができる　81

3.7.5　生成における対称性を自然に組み込むことができる　82

3.7.6　サンプリング時のステップ数が多く生成が遅い　83

3.7.7　拡散モデルでなぜ汎化できるかの仕組みの理解が未解決　83

第 3 章のまとめ ……………………………………………　84

4　拡散モデルの発展 ……………………………………　85

4.1　条件付き生成におけるスコア ……………………………　85

4.2　分類器ガイダンス ………………………………………　86

4.3　分類器無しガイダンス …………………………………　87

4.4　部分空間拡散モデル ……………………………………　89

4.4.1　部分空間拡散モデルの学習　92

4.4.2　部分空間拡散モデルのサンプリング　93

4.5　対称性を考慮した拡散モデル …………………………　94

4.5.1　幾何と対称性　94

4.5.2　化合物配座　96

拡散モデルを使った対称性を備えた生成　98

確率密度が SE(3) 不変となることの証明　99

SE(3) 同変を達成するネットワーク　100

第 4 章のまとめ ……………………………………………　102

5　アプリケーション ……………………………………　103

5.1　画像生成・超解像・補完・画像変換 ……………………　104

5.2　動画・パノラマ生成 ……………………………………　105

5.3　意味の抽出と変換 …………………………………… 106

5.4　音声の合成と強調 …………………………………… 107

5.5　化合物の生成と配座 ………………………………… 108

5.6　敵対的摂動に対する頑健性向上 …………………… 108

5.7　データ圧縮 …………………………………………… 109

第 5 章のまとめ ………………………………………… 110

付　　録 ………………………………………………………… 111

A.1　事前分布が正規分布、
　　　尤度が線形の正規分布の場合の事後確率分布 ………… 111

A.2　ELBO ………………………………………………… 112

A.3　シグナルとノイズを使った確率フロー ODE の導出 ……… 113

A.4　条件付き生成問題 …………………………………… 116

A.5　デノイジング暗黙的拡散モデル …………………… 117

A.6　逆拡散過程の確率微分方程式の証明 ……………… 121

A.7　非ガウシアンノイズによる拡散モデル …………… 125

A.8　Analog Bits：離散変数の拡散モデル ……………… 126

文　　献 ………………………………………………………… 129

索　　引 ………………………………………………………… 133

記号一覧

- $\mathbf{x} \in \mathbb{R}^d$：$d$ 次元実数ベクトル。

- $x_i \in \mathbb{R}$：ベクトルの i 次元目の成分。実数値。

- $D = \{\mathbf{x}^{(1)}, \mathbf{x}^{(2)}, \ldots, \mathbf{x}^{(N)}\}$：訓練データセット。

- $\mathbf{x}^{(i)}$：i 番目の訓練データ。

- $p(\mathbf{x})$：目標の確率分布。

- $q_\theta(\mathbf{x}) = \exp(-f(\mathbf{x}; \theta))/Z(\theta)$：パラメータ θ で特徴付けられた確率モデル。

- $f(\mathbf{x}; \theta)$：エネルギー関数。

- $Z(\theta)$：正規化関数、分配関数。

- $\nabla = \left(\dfrac{\partial}{\partial x_1}, \dfrac{\partial}{\partial x_2}, \ldots, \dfrac{\partial}{\partial x_m} \right)$：ナブラ演算子。

- $\nabla f(\mathbf{x}) := \left(\dfrac{\partial f(\mathbf{x})}{\partial x_1}, \dfrac{\partial f(\mathbf{x})}{\partial x_2}, \ldots, \dfrac{\partial f(\mathbf{x})}{\partial x_m} \right) \in \mathbb{R}^d$：関数 f の勾配。

- $\nabla \cdot \mathbf{f} := \displaystyle\sum_{i=1}^{d} \dfrac{\partial f(\mathbf{x})_i}{\partial x_i} \in \mathbb{R}$：ベクトル $\mathbf{f}$ の発散。

- $\mathbf{s}(\mathbf{x}) := \nabla_{\mathbf{x}} \log p(\mathbf{x})$：確率分布 p のスコア。

- $\mathbf{I}$：単位行列（行列サイズはその式に合わせる）。

- $\mathbf{0}$：すべての要素が 0 であるベクトル。

- $\mathbf{u}$：サンプリング時に使うノイズ。

- ϵ：変数変換時に使うノイズ、摂動。

- $\mathcal{N}(\mathbf{x}; \boldsymbol{\mu}, \sigma\mathbf{I})$：確率変数が $\mathbf{x}$、平均 $\boldsymbol{\mu}$、共分散行列が $\sigma\mathbf{I}$ である正規分布。確率変数が文脈から明らかな場合には省略して、$\mathcal{N}(\boldsymbol{\mu}, \sigma\mathbf{I})$ とする。

- 本書では、ノルム $\|\mathbf{x}\|$ は特に指定がない場合、L_2 ノルム $\|\mathbf{x}\|_2 = \sqrt{\mathbf{x}^{\mathsf{T}}\mathbf{x}}$ をさす。

生成モデル

　本章では、はじめに生成モデルとは何かを説明し、特に高次元データの生成モデルにおける学習やサンプリングの難しさについて述べる。次に、対数尤度の勾配であるスコアを使うことにより、これらの問題が解決されることを示す。そして、デノイジングスコアマッチングを使って、訓練データからスコアが効率的に求められることを示す。

1.1　生成モデルとは何か

はじめに、拡散モデルを含む一般的な生成モデルを説明する。

　生成モデルとは、対象ドメインのデータを生成できるモデルのことである。また、いくつかの生成モデルでは、与えられたデータ $\mathbf{x}$ の尤度 $p(\mathbf{x})$ を評価することもできる。データがどのように生成されているかを理解することは、そのデータを理解する有効な方法の 1 つであり、またデータを自由に生成できることは、多くのアプリケーションで役立つ。そのため、かねてから生成モデルについて多くの研究がなされてきた。

　本書では、生成モデルをデータから学習するという問題を考える。訓練データとして N 個のデータセット $D = \{\mathbf{x}^{(1)}, \ldots, \mathbf{x}^{(N)}\}$ を考え、これらが $p(\mathbf{x})$ という未知の確率分布から、互いに独立にサンプリングされているとする。本書では $\mathbf{x}$ のように小文字で太字の場合はベクトルを表す。また、上付き添字の付いた $\mathbf{x}^{(i)} \in \mathbb{R}^d$ は d 次元ベクトルである i 番目のデータを表し、下付き添字の付いた $x_i \in \mathbb{R}$ は $\mathbf{x}$ の i 次元目の成分を表すとする。

　生成モデルは $q_\theta(\mathbf{x})$ という確率分布をもち、この分布に従ってデータをサンプリングすることができる。この分布に従ってサンプリングするという操作を

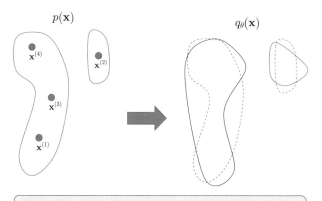

未知の確率分布 $p(\mathbf{x})$ から訓練データセット $D = \{\mathbf{x}^{(1)}, \mathbf{x}^{(2)}, \mathbf{x}^{(3)}, \mathbf{x}^{(4)}\}$ がサンプリングされている時、それを利用して $p(\mathbf{x})$ に近い確率分布 $q_\theta(\mathbf{x})$ を学習することが目標

図 1.1

$\mathbf{x} \sim q_\theta(\mathbf{x})$ と書くことにする。パラメータ θ は確率分布を特徴付けており、例えば生成モデルがニューラルネットワークによって実現されている場合、ニューラルネットワークのパラメータを表す。生成モデルの学習の目標は、目標確率分布 $p(\mathbf{x})$ にできるだけ近い確率分布 $q_\theta(\mathbf{x})$ をもつ生成モデルを獲得することである（図 1.1）。確率分布間の近さの指標として、例えば KL ダイバージェンスや、最適輸送距離などを利用する。

　本書ではとくに、画像、音声、テキスト、動画、時系列、点群、化合物データといった高次元データの生成モデルを考えていく。本書ではこうした高次元データは $\mathbf{x} \in \mathbb{R}^d$ のようなベクトルで表記するが、生成対象としてはベクトル以外の可変長系列やグラフなどの構造も対象となる。

　また、同時確率 $p(\mathbf{x}, \mathbf{c})$ や条件付き確率 $p(\mathbf{x}|\mathbf{c})$ に従った生成モデルも考えていく。例えば、テキスト t に対応する画像 $\mathbf{x}$ を生成する問題は、$p(\mathbf{x}|t)$ という条件付き確率に基づく生成問題とみなせる。このような条件付き確率に従った生成（条件付き生成）によって、生成モデルの利用用途は飛躍的に広がる。条件部を通じてどのようなデータを生成したいのか、どのような制約があるのかを指定することができるためだ。例えばテキストを条件として画像や音声、動画を生成したり、タンパク質を条件として、それに結合しそうな化合物を生成す

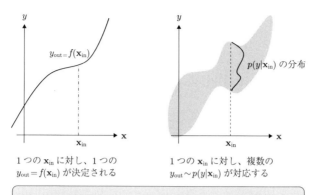

$y_{out} = f(\mathbf{x}_{in})$

$p(y|\mathbf{x}_{in})$ の分布

$\mathbf{x}_{in}$

$\mathbf{x}_{in}$

1つの $\mathbf{x}_{in}$ に対し、1つの
$y_{out} = f(\mathbf{x}_{in})$ が決定される

1つの $\mathbf{x}_{in}$ に対し、複数の
$y_{out} \sim p(y|\mathbf{x}_{in})$ が対応する

> 例えば白黒画像からカラー画像を予測するタスクの場合は、
> $\mathbf{x}_{in}$ が白黒画像、y_{out} がカラー画像に対応し、右図のように、1
> つの白黒画像に対応するカラー画像が無数に存在する

図 1.2

るといったことができる。そのため、実際のアプリケーションでは条件無し生成より条件付き生成を利用する方が一般的である。

入力から出力を予測するタスクも、入力を条件とした出力の条件付き確率 $p(y|\mathbf{x})$ でモデル化できる。一般にはこうした問題は決定的な関数 $y = f(\mathbf{x})$ でモデル化する場合が多いが、条件付き確率でモデル化することにより、出力に複数の可能性がある場合も自然に扱うことができる。

例えば、白黒画像に色をつける着色問題を考えた場合、白黒画像に矛盾なく対応するカラー画像は無数に存在する(図 1.2)。決定的な関数を使って学習する場合、こうした多様性をモデル化することは容易ではないが、条件付き生成モデルではこうした着色の多様性を自然に扱うことができる。この場合、サンプリングするたびに候補となる別のカラー画像を生成できる。

また、テキストに対応する画像や低解像度の画像に対応する高解像度の画像も無数に存在するが、こうした問題も条件付き確率の生成モデルを使って自然に表すことができる。

1.2 エネルギーベースモデル・分配関数

一般にデータ $\mathbf{x} \in X$ の生成モデルの確率分布 $q_\theta(\mathbf{x})$ は、次のような形で表

される。

$$q_\theta(\mathbf{x}) = \gamma_\theta(\mathbf{x})/Z(\theta)$$

$$Z(\theta) = \int_{\mathbf{x}' \in X} \gamma_\theta(\mathbf{x}') \mathrm{d}\mathbf{x}'$$

ここで非負関数 $\gamma_\theta(\mathbf{x}) > 0$ を非正規化確率密度関数とよぶ。また、$Z(\theta) > 0$ は正規化定数またはパラメータを入力とした分配関数とよばれる。分配関数 $Z(\theta)$ はとりうるすべてのデータ $\mathbf{x}' \in X$ について積分をとった値であり、$q_\theta(\mathbf{x})$ が確率密度となる条件を満たすよう、$q_\theta(\mathbf{x})$ のデータ全体にわたっての積分を 1 とする役割をもつ。

分配関数はとりうるすべてのデータについての積分が必要であるため、一般に計算が困難である。分配関数がデータ空間すべての情報をもっているといってもよい。

また、統計力学との関連性から非正規化確率密度関数をエネルギー関数 $f(\mathbf{x};\theta):\mathbb{R}^d \to \mathbb{R}$ を使って $\gamma_\theta(\mathbf{x}) = \exp(-f_\theta(\mathbf{x}))$ と表した確率モデルをエネルギーベースモデルとよぶ。エネルギー関数には非負制約はなく、任意の実数値をとることができる。

$$q_\theta(\mathbf{x}) = \exp(-f_\theta(\mathbf{x}))/Z(\theta)$$

$$Z(\theta) = \int_{\mathbf{x}' \in X} \exp(-f_\theta(\mathbf{x}')) \mathrm{d}\mathbf{x}'$$

この場合、エネルギー $f_\theta(\mathbf{x})$ が小さい値をとれば、そのデータ $\mathbf{x}$ は出現しやすいことを表し、逆に大きな値をとれば、そのデータは出現しにくいことを表す。

本書では詳しくとりあげないが、上記のエネルギーベースモデルは、統計力学におけるカノニカル分布、ギブス分布と同じ形である（温度やボルツマン係数などは省略されている）。また、分配関数からデータ全体の様々な統計量を求めることができる。

これら 2 つのモデルは表示方法が違うだけで同じモデルをさすが、以降では扱いやすさの点から確率分布はエネルギーベースモデルで表すことにする。

　エネルギーベースモデルは、次元間の任意の関係をエネルギー関数内で自由に記述することができるので強力である。エネルギー関数には特に確率分布としての制約はなく、自由な値をとることができる。

　一方、モデル化の自由度の代償として、分配関数を求める必要がある。見方を変えれば、確率分布としての制約をすべて分配関数に押し付けているということができる。入力データ $\mathbf{x}$ が高次元または連続変数の場合、エネルギー関数や分配関数が特別な性質をもっていない限り、分配関数の値や勾配を効率的に求めることは困難である。

　エネルギーベースモデルのもう 1 つの特徴として、構成性について説明する。2 つのエネルギー $f_1(\mathbf{x})$, $f_2(\mathbf{x})$ が与えられ、それらから得られる確率分布が $q_1(\mathbf{x})$, $q_2(\mathbf{x})$ であったとする。この時、2 つのエネルギーの和 $f(\mathbf{x}) = f_1(\mathbf{x}) + f_2(\mathbf{x})$ をエネルギーとしてもつエネルギーベースモデルの確率分布 $q(\mathbf{x})$ は

$$q(\mathbf{x}) \propto \exp\left(-f_1(\mathbf{x}) - f_2(\mathbf{x})\right)$$
$$= \exp(-f_1(\mathbf{x})) \exp(-f_2(\mathbf{x}))$$
$$\propto q_1(\mathbf{x}) q_2(\mathbf{x})$$

となる。つまり、これはエネルギーを足すことで、2 つの確率分布の積に比例するような確率分布が得られる。すなわち、それぞれの確率が大きい領域の積集合を結果として与える操作に対応する。それぞれの確率モデルがなんらかの制約や特性をもった分布である時、それら両方の制約や特性を兼ね備えた確率モデルを容易に作ることができる。

1.3　学習手法

　次に生成モデルの学習手法を説明する。生成モデルの学習手法は大きく 2 つに分けられる。

　1 つ目は、尤度ベースモデルとよばれる手法である（図 1.3）。与えられたデータ $\mathbf{x}$ の生成確率 $q_\theta(\mathbf{x})$ を尤度とよぶ。尤度ベースモデルは訓練データの尤度が最も大きくなるパラメータを求めることでパラメータを推定する。このような推定を最尤推定とよぶ。

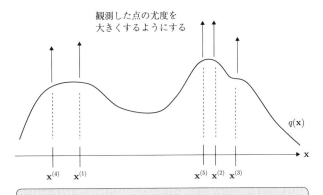

観測した点の尤度を
大きくするようにする

$q(\mathbf{x})$

x

$\mathbf{x}^{(4)}$ $\mathbf{x}^{(1)}$ $\mathbf{x}^{(5)}$ $\mathbf{x}^{(2)}$ $\mathbf{x}^{(3)}$

尤度ベースモデルでは、対数尤度 $L(\theta) = \Sigma_i \log q_\theta(\mathbf{x}^{(i)})$ を最大化するようなパラメータ θ^*_{ML} を求める手法を最尤推定とよぶ

図 1.3

訓練データセット $D = \{\mathbf{x}^{(1)}, \dots, \mathbf{x}^{(N)}\}$ の尤度は、データが互いに独立にサンプリングされているので、各データの尤度の積として定義される。

$$q_\theta(D) = \prod_i q_\theta(\mathbf{x}^{(i)})$$

最適化問題として扱いやすいように、その対数をとった対数尤度 $L(\theta)$ は

$$L(\theta) = \log q_\theta(D) = \sum_i \log q_\theta(\mathbf{x}^{(i)})$$

と定義される。最尤推定は、対数尤度を最大にするようなパラメータ θ^*_{ML} を求めることでパラメータを推定する。

$$\theta^*_{\mathrm{ML}} := \arg\max_\theta L(\theta)$$

変分自己符号化器(VAE)、自己回帰モデル、正規化フローモデル、エネルギーベースモデルといった生成モデルが尤度ベースモデルである。

エネルギーベースモデルの最尤推定は、訓練データの対数尤度の和からなる次の目的関数 $L(\theta)$ を最大化することに対応する。

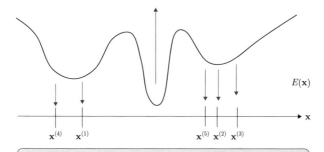

エネルギーベースモデルの学習は、観測点周辺のエネルギー $E(\mathbf{x})$ を低くし、(無数の)観測していない点のエネルギーを高くする。無数の観測していないデータのエネルギー和を表す分配関数 $Z(\theta)$ の計算や、その勾配を求めることが一般に難しい

図 1.4

$$
\begin{aligned}
L(\theta) &= \frac{1}{N} \sum_{i=1}^{N} \log q_\theta(\mathbf{x}^{(i)}) \\
&= -\frac{1}{N} \sum_{i=1}^{N} \left[f_\theta(\mathbf{x}^{(i)}) \right] - \log Z(\theta) \\
&= -\frac{1}{N} \sum_{i=1}^{N} \left[f_\theta(\mathbf{x}^{(i)}) \right] - \log \int_{\mathbf{x}' \in X} \exp(-f_\theta(\mathbf{x}')) \mathrm{d}\mathbf{x}'
\end{aligned}
$$

　つまり、エネルギーベースモデルの最尤推定は、第1項が示すように訓練データの位置のエネルギーを低くし、第2項が示すように、その他すべての位置のエネルギーを高くするパラメータを求めることを意味する(図1.4)。

　特に高次元の場合、第1項だけを考慮して訓練データの位置のエネルギーが低く(確率が大きく)なるようにパラメータを変更した場合、訓練データ以外で意図せずにエネルギーが低くなってしまう位置が無数に発生してしまう。そして、こうした位置から実際には存在しないようなデータが生成されてしまうことになる。一方で第2項を考慮するにしても、無数の位置のエネルギーを考慮してパラメータ変更することは難しい。

　このことを詳しくみるために、対数尤度が最も急激に増加する方向である勾配 $\dfrac{\partial L(\theta)}{\partial \theta}$ を求めて、その方向にパラメータを少しずつ更新する勾配上昇法を使って最適化することを考える。この場合、勾配は次のように求められる。

$$\frac{\partial L(\theta)}{\partial \theta} = -\frac{1}{N}\sum_{i=1}^{N}\left[\frac{\partial f_\theta(\mathbf{x}^{(i)})}{\partial \theta}\right] - \frac{\partial}{\partial \theta}\log Z(\theta)$$

$$= -\frac{1}{N}\sum_{i=1}^{N}\left[\frac{\partial f_\theta(\mathbf{x}^{(i)})}{\partial \theta}\right] - \frac{1}{Z(\theta)}\int -\frac{\partial f_\theta(\mathbf{x})}{\partial \theta}\exp(-f_\theta(\mathbf{x}))\mathrm{d}\mathbf{x}$$

$$= -\frac{1}{N}\sum_{i=1}^{N}\left[\frac{\partial f_\theta(\mathbf{x}^{(i)})}{\partial \theta}\right] + \mathbb{E}_{\mathbf{x}\sim q_\theta(\mathbf{x})}\left[\frac{\partial f_\theta(\mathbf{x})}{\partial \theta}\right]$$

このように勾配は、訓練データについてのエネルギーの勾配の平均値と、現在の生成モデルの確率分布で期待値をとったエネルギーの勾配で表される。この第2項の、生成モデル上の期待値を求めることは容易ではない。例えば生成モデルに従っていくつかデータをサンプリングし、それらの平均によって期待値を推定するモンテカルロサンプリングにより、第2項の不偏推定が求められる。しかし、毎回サンプリングするのに時間がかかるのと、推定の分散が大きい。このように分配関数を扱う場合、勾配を直接推定して学習することは一般に難しい。

生成モデルの学習手法の2つ目は、暗黙的生成モデルとよばれる。暗黙的生成モデルは、サンプリング過程によって確率分布が暗黙的に表現されているモデルであり、尤度が明示的には得られない。例えば、正規分布からサンプリングされた潜在変数をニューラルネットワークなどで表した決定的な関数によって変換して得られる分布で確率分布を表す。こうした分布は決定的な関数によって押し出された(push-foward)分布とよばれる。代表的な手法は敵対的生成モデル(GANなど)である(図1.5)。敵対的生成モデルは、与えられたデータが訓練データ由来か、生成モデル由来かを分類する識別モデルも一緒に学習し、生成モデルは識別モデルを騙すように、識別モデルは生成モデルに騙されないように、互いに競合しながら学習していく。

これら2つのアプローチには、それぞれ次のような長所、短所がある。

尤度ベースモデルは、対数尤度を目的関数とした安定した最適化問題を使って学習できる。そして、学習がどの程度進んでいるかを訓練データや評価データの尤度を使って評価することができる。一方、尤度や勾配を計算するためには、分配関数(正規化項)を扱う必要がある。表現力が高い生成モデルは、この正規化項やその勾配の計算が計算量的に困難である。

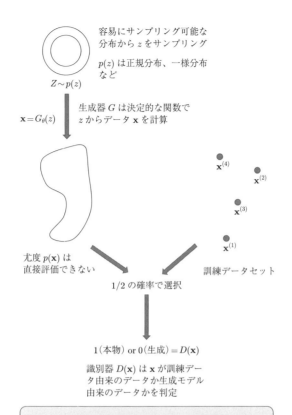

図 1.5

暗黙的生成モデルは、これとは逆の特徴をもつ。生成モデルと識別モデル間で競合しながら学習する必要があり、学習が不安定になりがちである。また、学習がどの程度進んでいるかを示す指標がなく、生成したデータを人が目で確認して学習の進捗を確認する必要がある。一方で、分配関数を明示的に扱う必要がなく、高い表現力をもったモデルを生成に使うことができる。

また、尤度ベースモデルと暗黙的生成モデルはそれぞれ別の KL ダイバージェンス最小化問題とみなすことができ、得られる生成分布もそれに応じた異な

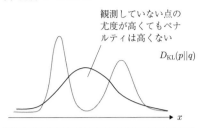

観測していない点の
尤度が高くてもペナ
ルティは高くない

$D_{\mathrm{KL}}(p\|q)$

すべてのモードを捉えるように学習。間
違ったデータにはペナルティが加わりに
くい

学習対象の $p(x)$

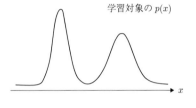

(b) 暗黙的生成モデル

$q(x)$

$D_{\mathrm{KL}}(q\|p)$

このモードを
見逃している

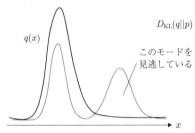

一番大きいモードを捉えるように学習。
モードを見逃すモード崩壊が起こりやす
い

図 1.6

る特徴をもつ。

　確率分布 $p(x)$ から $q(x)$ への KL ダイバージェンスは

$$D_{\mathrm{KL}}(p\|q) := \int_x p(x) \log \frac{p(x)}{q(x)} \mathrm{d}x$$

と定義される。KL ダイバージェンスは 2 つの確率分布が一致する時、またその時のみ 0 の値をとり、それ以外は正の値をとる。また確率分布間が離れているほど大きな正の値をとり、確率分布間の距離のような性質(正確には距離の 2 乗にあたる性質)をもつ。

　最尤推定は $D_{\mathrm{KL}}(p\|q)$ の最小化問題であり、$p(x)/q(x)$ という項が登場す

る。この場合、$p(x) > 0$ の領域で $q(x)$ が小さいと大きなペナルティが生じるため、モデルはできるだけすべてのモード(確率分布の山)をカバーするように学習される。しかし、モードでない部分も生成してしまう(図 1.6 (a))。

これに対し、暗黙的生成モデルは逆 KL ダイバージェンス $D_{\mathrm{KL}}(q\|p)$ 最小化問題であり、$q(x)/p(x)$ という項が登場する。正確には次のように定義される Jensen–Shannon ダイバージェンスの最小化問題としてみなせる。

$$D_{\mathrm{JS}}(p\|q) = \frac{1}{2} D_{\mathrm{KL}}(p\| \frac{1}{2}(p+q)) + \frac{1}{2} D_{\mathrm{KL}}(q\| \frac{1}{2}(p+q))$$

この場合、$q(x) > 0$ の領域で $p(x)$ が小さいと大きなペナルティが生じ、目標分布の一部のデータだけをカバーするように学習しがちである。こうした場合には、各モードは正確にモデル化できるが、一部のモードしか生成しないように学習が進んでしまう。このように、モードが一部分に集中して潰れてしまうことをモード崩壊とよぶ。逆 KL ダイバージェンス最小化の場合は、このモード崩壊が起こりやすい(図 1.6 (b))。

本書で扱う拡散モデルは尤度ベースモデルであるため、モード崩壊が起こりにくく、なおかつ計算困難な正規化項の計算を回避できることをみていく。

1.4　高次元で多峰性のあるデータ生成の難しさ

世の中の興味のあるデータの多くは高次元データである。例えば、画像、音声、動画、化合物、時系列、テキストといったデータは、数万次元から数億次元にも達する非常に高次元なデータである。

こうした高次元データは、次元間で複雑な相関をもつため、それらをモデル化することは容易ではない。高次元データを表現できる生成モデルを表すエネルギー関数 $f_\theta(\mathbf{x})$ は、入力次元間の複雑で非線形な関係を扱えるように、多数のパラメータをもった、ニューラルネットワークなどの強力なモデルが必要となる。

一方、尤度評価や最尤推定を行うためには、分配関数 $Z(\theta)$ やその勾配 $\nabla_\theta Z(\theta)$ を計算しなければならない。これは入力データが高次元の場合は、計算量的に不可能である。

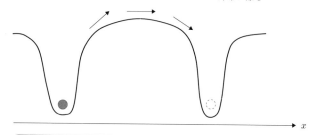

エネルギーの高いところを越えることが非常に難しい

> MCMC 法では、現在のエネルギーが低い領域から別のエネルギーが低い領域に行く際には、採択確率が低くエネルギーの高い（確率が低い）領域を越えなければならず、必要な統計量を求めるためのサンプリング回数が非常に多くなってしまう

図 1.7

　こうした分配関数の困難を回避した上でサンプリングできる方法として、マルコフ連鎖モンテカルロ法（MCMC 法）がある。

　MCMC 法は、尤度比 $p(\mathbf{x})/p(\mathbf{x}') = \exp(-f(\mathbf{x}))/\exp(-f(\mathbf{x}'))$ さえ求まれば、サンプリングすることができる。尤度比には分配関数は打ち消されて登場しないため、分配関数を求められない場合でも MCMC 法は実行できる。敵対的生成モデルで分配関数が必要のない理由も、生成器は識別器の情報を使って学習し、識別器は尤度比を対象に学習するためである。

　一方、高次元データに対して MCMC 法を使う場合には課題が 2 つある。

　1 つ目は、サンプリング効率である。世の中の多くの興味のあるデータは、高次元データ中のほんの一部分の低次元の部分領域のみ確率が大きいという、多様体仮説が成り立つと考えられている。この場合、ある点 $\mathbf{x}$ から周辺 $\mathbf{x}'$ の候補をランダムに選択した場合、その候補は尤度が低い領域にいる確率が高く、その候補を採択する可能性は低くなるため、サンプリング効率が悪くなってしまう。

　2 つ目に、MCMC 法はたまたま到達できたエネルギーの低い領域にとらわれがちであることである。他のエネルギーが低い領域に移るためには、採択確率が非常に低くエネルギーの高い領域を越えていかなければならず、必要なステップ数が非常に大きくなってしまう（図 1.7）。そのため、確率分布が多峰性

(複数のモード)をもつ場合、それらの峰を網羅することも難しい。

1.5　スコア：対数尤度の入力についての勾配

　ここまでみてきたように、高次元の確率モデルの分配関数の計算は難しく、また、分配関数の計算が必要のない MCMC 法でも、尤度が高い領域に効率的に到達することは難しい。これらの問題を解決するためにスコアを導入する。

　スコアはエネルギーベースモデルだけでなく、任意の入力について微分可能な確率分布で定義できる。対数尤度 $\log p(\mathbf{x})$ の入力 $\mathbf{x}$ についての勾配をスコアとよび、スコアを与える関数 $\mathbf{s}(\mathbf{x})$ をスコア関数とよぶ。

$$\mathbf{s}(\mathbf{x}) := \nabla_{\mathbf{x}} \log p(\mathbf{x}) : \mathbb{R}^d \to \mathbb{R}^d$$

　スコアは入力 $\mathbf{x}$ と同じ次元数 d をもつベクトルである。情報幾何など他の問題設定ではパラメータについての勾配をスコアとよぶ場合もあるが、ここでは入力についての勾配をとっていることに注意されたい。

　スコアは入力空間でのベクトル場を表し、各点のベクトルはその位置で対数尤度が最も急激に大きくなる方向とその大きさを表す(図 1.8)。

　また、スコアは微分の公式より、

$$\nabla_{\mathbf{x}} \log p(\mathbf{x}) = \frac{\nabla_{\mathbf{x}} p(\mathbf{x})}{p(\mathbf{x})}$$

と表されるため、確率が最も急激に上昇するベクトルを、確率で割った値となる。そのため、スコアは確率が小さい領域で大きくなりやすく、大きい領域では小さくなりやすい($\nabla_{\mathbf{x}} p(\mathbf{x})$ 自体の大きさもあるため、例外がある)。

　スコアには分配関数 $Z(\theta)$ が現れないという著しい特徴がある。なぜなら定義より

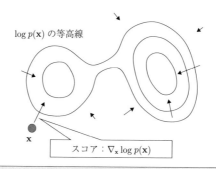

スコア：$\nabla_{\mathbf{x}} \log p(\mathbf{x})$

スコアは対数尤度の入力 $\mathbf{x}$ についての勾配を表す。また、スコアは入力空間でのベクトル場を表し、各点のベクトルはその位置で対数尤度が最も急激に大きくなる方向とその大きさを表す

図 1.8

$$\nabla_{\mathbf{x}} \log q_\theta(\mathbf{x}) = -\nabla_{\mathbf{x}} f_\theta(\mathbf{x}) - \underbrace{\nabla_{\mathbf{x}} \log Z(\theta)}_{=0}$$

$$= -\nabla_{\mathbf{x}} f_\theta(\mathbf{x})$$

(1.1)

となるためである。このように、スコアはエネルギー関数の入力についての負の勾配と一致する。ここで分配関数の入力についての勾配が 0 となるのは、分配関数 $Z(\theta)$ は入力 $\mathbf{x}$ に依存しないためである。スコアは局所的な情報のみで決定される。

スコアを使うことにより、高次元空間中で、現在の位置からどの方向に進めば確率が高い領域に到達できるのかを知ることができるので、確率が高い領域を効率的に探索することができる。

1.5.1 ランジュバン・モンテカルロ法

ランジュバン・モンテカルロ法 [3] は、スコアを使った MCMC 法であり、$p(\mathbf{x})$ からのサンプルを得ることができる（図 1.9）。スコアを使うことにより、先に説明した MCMC 法の問題点の 1 つである、周辺の確率が大きい候補を効率的に探す問題を解決できる。

ランジュバン・モンテカルロ法（Algorithm 1.1）は、はじめに任意の事前分

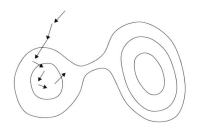

ランジュバン・モンテカルロ法

$$\mathbf{x}_{i+1} := \mathbf{x}_i + \epsilon \nabla_{\mathbf{x}} \log p(\mathbf{x}_i) + \sqrt{2\epsilon}\, \mathbf{u}_{i+1}$$

スコア方向に進み　　少しノイズを入れる

これを繰り返した時、最終的に得られるサンプルは、$p(\mathbf{x})$ からのサンプルとみなせる

図 1.9

布 $\pi(\mathbf{x})$ からデータを $\mathbf{x}_0 \sim \pi(\mathbf{x})$ とサンプリングし、次に各位置でのスコアに従い遷移する。この際、正規分布からサンプリングされたノイズを少し加えた上で遷移する。この遷移を K 回繰り返した結果を、サンプリング結果とする。

Algorithm 1.1：ランジュバン・モンテカルロ法に従ったサンプリング

入力：α ステップ幅　K ステップ回数

1：$\mathbf{x}_0$ を初期化（例：$\mathbf{x}_0 \sim \mathcal{N}(\mathbf{x}_0; \mathbf{0}, \mathbf{I})$）

2：**for** $k = 1, \ldots, K$ **do**

3：　$\mathbf{u}_k \sim \mathcal{N}(\mathbf{0}, \mathbf{I})$

4：　$\mathbf{x}_k := \mathbf{x}_{k-1} + \alpha \nabla_{\mathbf{x}} \log p(\mathbf{x}_{k-1}) + \sqrt{2\alpha}\, \mathbf{u}_k$

5：**end for**

6：**return** $\mathbf{x}_K$

この時、$\alpha \to 0$、$K \to \infty$ の極限で $\mathbf{x}_K$ は $p(\mathbf{x})$ からのサンプルに収束する。実用的には α が十分小さく、K が十分大きければ、$\mathbf{x}_K$ は $p(\mathbf{x})$ からのサンプルとみなせる。

　ランジュバン・モンテカルロ法によるサンプリングは、次のランジュバン拡散とよばれる確率過程を離散化したものとみなせる。

$$\mathrm{d}\mathbf{X}_t = -\nabla E(\mathbf{X}_t)\mathrm{d}t + \sqrt{2}\,\mathrm{d}\mathbf{W}_t$$

ただし、E は滑らかなエネルギー関数であり、$\mathbf{W}_t$ は標準ブラウン運動である。この確率過程の定常分布は $p(\mathbf{x}) \propto \exp(-E(\mathbf{x}))$ である。先の離散化との対応では $\nabla E(\mathbf{X}_t)$ が対数尤度のスコアであり（式 (1.1)）、$\mathbf{W}_t$ が正規分布からのノイズであり離散化ステップ幅が α に対応する。

このサンプリングは直観的には、データはスコアに従いデータの尤度が大きい領域を中心に遷移するが、ノイズ $\mathbf{u}_k$ を加えることにより極大解から脱出でき、確率分布全体を網羅できるようになっているとみなせる。

ランジュバン・モンテカルロ法は、スコアという強力な指針を使って、広大な高次元データ空間中で確率が高い領域を効率的に探索することができる。

1.5.2 スコアマッチング

確率分布のスコアが得られれば、ランジュバン・モンテカルロ法を使ってその確率分布から効率的にサンプリングできる。

このように、確率分布を直接学習する代わりに確率分布のスコアを学習し、スコアを使って生成モデルを実現するモデルを、スコアベースモデル（SBM; Score Based Model）とよぶ。

一般に 2 つの関数が与えられた時、関数の勾配のみが一致していても定数部分には自由度があるが、確率分布はその和（確率変数が連続変数の場合は積分）が 1 であるという制約があるため、全ての入力におけるスコアさえ一致すれば目標の確率分布と同じ分布を表していることになる。

ここからスコアをどのように学習するかを説明する。

ニューラルネットワークなどで表したパラメータ θ で特徴付けられたモデル $\mathbf{s}_\theta(\mathbf{x}) : \mathbb{R}^d \to \mathbb{R}^d$ を使って、スコアを学習することを考える。

まず考えられるのは、学習対象のスコアとモデルの出力間の 2 乗誤差が最小となるようなパラメータを求めるアプローチである。この際、目標分布 $p(\mathbf{x})$ で期待値をとる。この目的関数を明示的スコアマッチング（ESM; Explicit Score Matching）とよぶ。

$$J_{\mathrm{ESM}_p}(\theta) = \frac{1}{2}\mathbb{E}_{p(\mathbf{x})}\left[\|\nabla_{\mathbf{x}}\log p(\mathbf{x}) - \mathbf{s}_\theta(\mathbf{x})\|^2\right] \qquad (1.2)$$

しかし、一般に、生成モデルの学習には訓練データ $D = \{\mathbf{x}^{(1)}, \dots, \mathbf{x}^{(N)}\}$ のみが与えられ、スコア $\nabla_{\mathbf{x}}\log p(\mathbf{x}^{(i)})$ は未知である。そのため、多くのケースではこのアプローチを使ってスコアを求めることはできない。

1.5.3 暗黙的スコアマッチング

訓練データのみから明示的スコアマッチングを使って学習できない問題を解決するため、暗黙的スコアマッチング(ISM; Implicit Score Matching)[4] は、学習目標のスコア $\nabla_{\mathbf{x}}\log p(\mathbf{x})$ を使わずに定義される。

$$J_{\mathrm{ISM}_p}(\theta) = \mathbb{E}_{p(\mathbf{x})}\left[\frac{1}{2}\|\mathbf{s}_\theta(\mathbf{x})\|^2 + \mathrm{tr}(\nabla_{\mathbf{x}}\mathbf{s}_\theta(\mathbf{x}))\right] \qquad (1.3)$$

ここで $\mathbf{s}_\theta(\mathbf{x})$ はモデルが表す推定されたスコアであり、$\nabla_{\mathbf{x}}\mathbf{s}_\theta(\mathbf{x})$ は $\mathbf{s}_\theta$ の各成分について再度 $\mathbf{x}$ で勾配をとったヘッセ行列を表し、tr は行列のトレース(対角成分の和)を計算する式である。この第 2 項は $\mathbf{s}_\theta(\mathbf{x})_i$ の i 番目の成分を返す関数を $\mathbf{s}_\theta(\mathbf{x})_i$ とした時、次のように表される。

$$\mathrm{tr}(\nabla_{\mathbf{x}}\mathbf{s}_\theta(\mathbf{x})) = \sum_{i=1}^{d}\frac{\partial \mathbf{s}_\theta(\mathbf{x})_i}{\partial x_i} = -\sum_{i=1}^{d}\frac{\partial^2 f_\theta(\mathbf{x})}{\partial x_i^2}$$

つまり、第 2 項はエネルギー関数の各成分についての 2 次微分の和である。

この暗黙的スコアマッチングは学習目標のスコアを使わないにもかかわらず、明示的スコアマッチングとパラメータに依存しない定数項 C_1 を除いて等しくなる。証明は次項で与える。

$$J_{\mathrm{ESM}_p}(\theta) = J_{\mathrm{ISM}_p}(\theta) + C_1$$

この場合、それぞれの目的関数を使ってパラメータを最適化すると、それらの最適値を達成するパラメータは等しくなる。つまり、暗黙的スコアマッチングを使って学習した結果は、明示的スコアマッチングを使って学習した結果と一致する。

これまで、目標分布 $p(\mathbf{x})$ 上の期待値で目的関数が定義されていたが、実際は $p(\mathbf{x})$ は未知であり、代わりに訓練データ $D = \{\mathbf{x}^{(1)}, \dots, \mathbf{x}^{(N)}\}$ を使った平

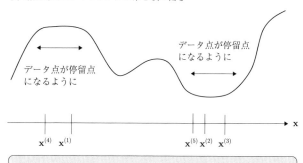

(a) 暗黙的スコアマッチングの第1項の働き

データ点が停留点
になるように

データ点が停留点
になるように

$\mathbf{x}^{(4)}$ $\mathbf{x}^{(1)}$　　　$\mathbf{x}^{(5)}$ $\mathbf{x}^{(2)}$ $\mathbf{x}^{(3)}$

データ点が停留点(極小値、鞍点、極大値)になるようにする

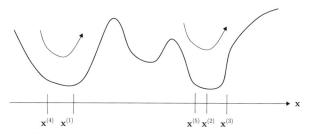

(b) 暗黙的スコアマッチングの第2項の働き

$\mathbf{x}^{(4)}$ $\mathbf{x}^{(1)}$　　　$\mathbf{x}^{(5)}$ $\mathbf{x}^{(2)}$ $\mathbf{x}^{(3)}$

データ点の2次微分の和が負になるようにして、データ点が極小値になるようにする

図 1.10

均値で期待値を置き換えた次の目的関数を使う。

$$J_{\mathrm{ISM_{discrete}}}(\theta) = \frac{1}{N} \sum_{i=1}^{N} \left[\frac{1}{2} \|\mathbf{s}_\theta(\mathbf{x}^{(i)})\|^2 + \mathrm{tr}(\nabla_\mathbf{x} \mathbf{s}_\theta(\mathbf{x}^{(i)})) \right] \qquad (1.4)$$

　この式をもとに、暗黙的スコアマッチングが何をしているかについて、その直観的な意味を説明する(図 1.10)。

　第1項の $\|\mathbf{s}_\theta(\mathbf{x}^{(i)})\|^2$ は、訓練データの位置におけるスコアの絶対値を0に近づけることを意味する。このため、訓練データの位置($\mathbf{x}^{(i)}$)が対数尤度 $\log q(\mathbf{x};\theta)$ の停留点(極小値、鞍点、極大値)となるような働きをもつ。

　第2項は各成分についての2次微分の和を負にすることを意味し、第1項

の停留点になるという条件とあわせると、訓練データの位置がエネルギー関数の極小(確率分布の極大)になるようにする働きをもつ。

1.5.4 暗黙的スコアマッチングがスコアを推定できることの証明

明示的スコアマッチングと暗黙的スコアマッチングがいくつかの仮定のもとで定数を除いて一致することを証明する。

$$J_{\mathrm{ESM}}(\theta) = \frac{1}{2}\mathbb{E}_{p(\mathbf{x})}\left[\|\nabla_{\mathbf{x}}\log p(\mathbf{x}) - \mathbf{s}_\theta(\mathbf{x})\|^2\right] \tag{1.5}$$

$$J_{\mathrm{ISM}}(\theta) = \mathbb{E}_{p(\mathbf{x})}\left[\frac{1}{2}\|\mathbf{s}_\theta(\mathbf{x})\|^2 + \mathrm{tr}(\nabla_{\mathbf{x}}\mathbf{s}_\theta(\mathbf{x}))\right] \tag{1.6}$$

仮定は次の 4 つである。

仮定 1. $p(\mathbf{x})$ が微分可能

仮定 2. $\mathbb{E}_{p(\mathbf{x})}[\|\nabla_{\mathbf{x}}\log p(\mathbf{x})\|^2]$ が有限

仮定 3. 任意の θ について $\mathbb{E}_{p(\mathbf{x})}[\|\mathbf{s}_\theta(\mathbf{x})\|^2]$ が有限

仮定 4. $\lim_{\|\mathbf{x}\|\to\infty}[p(\mathbf{x})\mathbf{s}_\theta(\mathbf{x})] = 0$

この場合、次が成り立つ。

$$J_{\mathrm{ESM}}(\theta) = J_{\mathrm{ISM}}(\theta) + C_1$$

ただし C_1 は θ に依存しない定数である。

証明

明示的スコアマッチングの式(1.5)を展開すると、次を得る。

$J_{\mathrm{ESM}}(\theta)$

$$= \frac{1}{2}\mathbb{E}_{p(\mathbf{x})}\left[\|\nabla_{\mathbf{x}}\log p(\mathbf{x}) - \mathbf{s}_\theta(\mathbf{x})\|^2\right]$$

$$= \int_{\mathbf{x}\in\mathbb{R}^d} p(\mathbf{x})\left[\underbrace{\frac{1}{2}\|\nabla_{\mathbf{x}}\log p(\mathbf{x})\|^2}_{(1)} + \underbrace{\frac{1}{2}\|\mathbf{s}_\theta(\mathbf{x})\|^2}_{(2)} \underbrace{-\nabla_{\mathbf{x}}\log p(\mathbf{x})^{\mathsf{T}}\mathbf{s}_\theta(\mathbf{x})}_{(3)}\right]\mathrm{d}\mathbf{x}$$

上式中の (1) はパラメータ θ に依存していないため無視でき、C_1 とおく。(2) は式(1.6)の第 1 項と一致している。そのため、(3) が式(1.6)の第 2 項 $\mathbb{E}_{p(\mathbf{x})}[\mathrm{tr}(\nabla_{\mathbf{x}}\mathbf{s}_\theta(\mathbf{x}))]$ と等しいことを示せばよい。

(3) はベクトル間の内積なので、次のように成分ごとの積の和に分解できる。

$$(3) = -\sum_i \int_{\mathbf{x} \in \mathbb{R}^d} p(\mathbf{x}) (\nabla_{\mathbf{x}} \log p(\mathbf{x}))_i \mathbf{s}_\theta(\mathbf{x})_i \mathrm{d}\mathbf{x}$$

ここで $(\nabla_{\mathbf{x}} \log p(\mathbf{x}))_i$ は、$\nabla_{\mathbf{x}} \log p(\mathbf{x})$ の i 番目の成分である。この式変形を続けると

$$= -\sum_i \int_{\mathbf{x} \in \mathbb{R}^d} p(\mathbf{x}) \frac{\partial \log p(\mathbf{x})}{\partial x_i} \mathbf{s}_\theta(\mathbf{x})_i \mathrm{d}\mathbf{x}$$

$$= -\sum_i \int_{\mathbf{x} \in \mathbb{R}^d} \frac{p(\mathbf{x})}{p(\mathbf{x})} \frac{\partial p(\mathbf{x})}{\partial x_i} \mathbf{s}_\theta(\mathbf{x})_i \mathrm{d}\mathbf{x}$$

$$= -\sum_i \int_{\mathbf{x} \in \mathbb{R}^d} \frac{\partial p(\mathbf{x})}{\partial x_i} \mathbf{s}_\theta(\mathbf{x})_i \mathrm{d}\mathbf{x}$$

次の目標は成分 i ごとに次が成り立つことを示すことである。

$$-\int_{\mathbf{x} \in \mathbb{R}^d} \frac{\partial p(\mathbf{x})}{\partial x_i} \mathbf{s}_\theta(\mathbf{x})_i \mathrm{d}\mathbf{x} = \int_{\mathbf{x} \in \mathbb{R}^d} \frac{\partial \mathbf{s}_\theta(\mathbf{x})_i}{\partial x_i} p(\mathbf{x}) \mathrm{d}\mathbf{x}$$

これを示すことができれば、右辺の i についての和が式(1.6)の第 2 項 $\mathbb{E}_{p(\mathbf{x})} [\mathrm{tr}(\nabla_{\mathbf{x}} \mathbf{s}_\theta(\mathbf{x}))]$ と等しくなる。

はじめに任意の微分可能な 1 変数関数 $f(x), g(x)$ について、$\lim_{|x| \to \infty} [f(x)g(x)] = 0$ であれば、

$$\int_{x \in \mathbb{R}} f'(x)g(x)\mathrm{d}x$$

$$= [f(x)g(x)]_{-\infty}^{\infty} - \int_{x \in \mathbb{R}} f(x)g'(x)\mathrm{d}x \quad (\text{部分積分の公式を利用})$$

$$= 0 - 0 - \int_{x \in \mathbb{R}} f(x)g'(x)\mathrm{d}x \quad (\text{仮定より } f(x)g(x) \text{ は } x = \infty, -\infty \text{ の時 } 0)$$

$$= -\int_{x \in \mathbb{R}} f(x)g'(x)\mathrm{d}x$$

となるため、

$$\int_{x \in \mathbb{R}} f'(x)g(x)\mathrm{d}x = -\int_{x \in \mathbb{R}} f(x)g'(x)\mathrm{d}x$$

が成り立つ。

これを多変数関数に拡張する。はじめに次の補題を示す。

補題

f と g が微分可能な時、次が成り立つ。

$$\lim_{a\to\infty,b\to-\infty} f(a,x_2,\ldots,x_n)g(a,x_2,\ldots,x_n) - f(b,x_2,\ldots,x_n)g(b,x_2,\ldots,x_n)$$

$$= \int_{-\infty}^{\infty} f(x)\frac{\partial g(x)}{\partial x_1}\mathrm{d}x_1 + \int_{-\infty}^{\infty} g(x)\frac{\partial f(x)}{\partial x_1}\mathrm{d}x_1$$

ここでは $i=1$ の場合を示しているが、他の i についても同様に成り立つ。

補題の証明

$$\frac{\partial f(\mathbf{x})g(\mathbf{x})}{\partial x_1} = f(\mathbf{x})\frac{\partial g(\mathbf{x})}{\partial x_1} + g(\mathbf{x})\frac{\partial f(\mathbf{x})}{\partial x_1}$$

x_1 のみ変数であり、他の変数は定数と考えた上で $x_1\in\mathbb{R}$ 上で積分をとると、与えられた式が得られる。（証明終）

この補題の f を $p(\mathbf{x})$、g を $\mathbf{s}_\theta(\mathbf{x};\theta)_1$ として適用すると

$$-\int_{\mathbf{x}\in\mathbb{R}^d} \frac{\partial p(\mathbf{x})}{\partial x_1}\mathbf{s}_\theta(\mathbf{x};\theta)_1\mathrm{d}\mathbf{x}$$

$$= -\int_{\mathbf{x}_{2:n}\in\mathbb{R}^{d-1}} \left[\int_{x_1\in\mathbb{R}} \frac{\partial p(\mathbf{x})}{\partial x_1}\mathbf{s}_\theta(\mathbf{x};\theta)_1\mathrm{d}x_1\right]\mathrm{d}\mathbf{x}_{2:d}$$

$$\text{（積分を } x_1 \text{ とそれ以外 } \mathbf{x}_{2:d} \text{ に分けて行う）}$$

$$= -\int_{\mathbf{x}_{2:n}\in\mathbb{R}^{d-1}} \Big[\lim_{a\to\infty,b\to-\infty}[p(a,\mathbf{x}_{2:d})\mathbf{s}_\theta(a,\mathbf{x}_{2:d})_i - p(b,\mathbf{x}_{2:d})\mathbf{s}_\theta(b,\mathbf{x}_{2:d})_i]$$

$$- \int_{x_1\in\mathbb{R}} \frac{\partial \mathbf{s}_\theta(\mathbf{x};\theta)_1}{\partial x_1}p(\mathbf{x})\mathrm{d}x_1\Big]\mathrm{d}\mathbf{x}_{2:d} \quad \text{（補題を適用）}$$

$$= -\int_{\mathbf{x}_{2:n}\in\mathbb{R}^{d-1}} \left[0-0-\int_{x_1\in\mathbb{R}} \frac{\partial \mathbf{s}_\theta(\mathbf{x};\theta)_1}{\partial x_1}p(\mathbf{x})\mathrm{d}x_1\right]\mathrm{d}\mathbf{x}_{2:d}$$

$$= \int_{\mathbf{x}\in\mathbb{R}^d} \frac{\partial \mathbf{s}_\theta(\mathbf{x};\theta)_1}{\partial x_1}p(\mathbf{x})\mathrm{d}\mathbf{x}$$

となる。これより、

$$-\int_{\mathbf{x}\in\mathbb{R}^d} \frac{\partial p(\mathbf{x})}{\partial x_1}\mathbf{s}_\theta(\mathbf{x};\theta)_1\mathrm{d}\mathbf{x} = \int_{\mathbf{x}\in\mathbb{R}^d} \frac{\partial \mathbf{s}_\theta(\mathbf{x};\theta)_1}{\partial x_1}p(\mathbf{x})\mathrm{d}\mathbf{x}$$

が成り立つ。ここでは $i=1$ の場合を示したが、他のすべての i についても同様に成り立つので、これらを足し合わせると

$$-\sum_i \int_{\mathbf{x} \in \mathbb{R}^d} \frac{\partial p(\mathbf{x})}{\partial x_i} \mathbf{s}_\theta(\mathbf{x})_i \mathrm{d}\mathbf{x} = \sum_i \int_{\mathbf{x} \in \mathbb{R}^d} \frac{\partial \mathbf{s}_\theta(\mathbf{x})_i}{\partial x_i} p(\mathbf{x}) \mathrm{d}\mathbf{x}$$

$$= \mathbb{E}_{p(\mathbf{x})} \left[\mathrm{tr}(\nabla_{\mathbf{x}} \mathbf{s}_\theta(\mathbf{x})) \right]$$

よって、残りの (3) が式 (1.6) の第 2 項 $\mathbb{E}_{p(\mathbf{x})}[\mathrm{tr}(\nabla_{\mathbf{x}}\mathbf{s}_\theta(\mathbf{x}))]$ と等しいことが示された。(証明終)

1.5.5 デノイジングスコアマッチング

暗黙的スコアマッチングを使うことにより、スコアが未知でもスコアを求めることができることが示された。しかし、暗黙的スコアマッチングを適用するには問題が 2 つある。

1 つ目の問題は、$\mathbb{E}_{p(\mathbf{x})}[\mathrm{tr}(\nabla_{\mathbf{x}}\mathbf{s}_\theta(\mathbf{x}))]$ を求める計算量が大きいことである。これを求めるには、$\mathbf{s}_\theta(\mathbf{x})$ の各成分 $\mathbf{s}_\theta(\mathbf{x})_i$ ごとに誤差逆伝播法を適用する必要がある。そのため、誤差逆伝播法を d 回適用するが、ニューラルネットワークの場合、1 回の誤差逆伝播の計算量は $\mathcal{O}(d)$ であるため、$\mathbb{E}_{p(\mathbf{x})}[\mathrm{tr}(\nabla_{\mathbf{x}}\mathbf{s}_\theta(\mathbf{x}))]$ を求める計算量は $\mathcal{O}(d^2)$ である。これは入力が高次元の場合には不可能である。

2 つ目の問題は、過学習が起こりやすいことである。生成モデルの学習においても、他の機械学習と同様に過学習が問題となる。暗黙的スコアマッチングを使った学習では、データ点数 N が $N \to \infty$ となる場合に正しいスコアを得られるが、実際には有限のデータから求める必要がある。暗黙的スコアマッチングを使って最適化した場合、訓練データの位置で、対数尤度の 1 次微分が 0、2 次微分が負の無限大をとるのが最適である。この時、各訓練データの位置で確率が正の無限大となるようなディラックのデルタ関数の混合分布が最適な分布となる。一般に、通常の最尤推定を用いた生成モデルの学習でもこのような過学習は起こってしまうが、エネルギー関数をニューラルネットワークなどでモデル化した場合、その 2 次微分が負の無限大となってしまうようなモデルは学習されやすく、過学習が起こりやすい。そのため、過学習を防ぐ正則化を加えなければならない。

ここではデノイジングスコアマッチング (DSM) [5] を使ってこれら 2 つの問

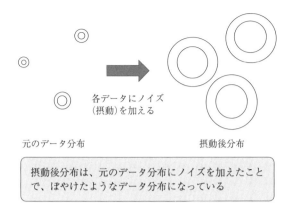

各データにノイズ
(摂動)を加える

元のデータ分布

摂動後分布

摂動後分布は、元のデータ分布にノイズを加えたこと
で、ぼやけたようなデータ分布になっている

図 1.11

題が解決されることをみる。

はじめに、データ $\mathbf{x}$ に正規分布からのノイズ $\epsilon \sim \mathcal{N}(\mathbf{0}, \sigma^2 \mathbf{I})$ を加えた変数 $\tilde{\mathbf{x}}$ を考える。このノイズを摂動とよび、σ をノイズのスケールとよぶ。

$$\tilde{\mathbf{x}} = \mathbf{x} + \epsilon, \quad \epsilon \sim \mathcal{N}(\mathbf{0}, \sigma^2 \mathbf{I}) \tag{1.7}$$

データにノイズが付加される過程は、次の条件付き確率を使って、平均が $\mathbf{x}$、分散が $\sigma^2 \mathbf{I}$ の正規分布からのサンプルが得られる過程とみなすことができる。

$$p_\sigma(\tilde{\mathbf{x}}|\mathbf{x}) = \mathcal{N}(\tilde{\mathbf{x}}; \mathbf{x}, \sigma^2 \mathbf{I}) = \frac{1}{(2\pi)^{d/2}\sigma^d} \exp(-\frac{1}{2\sigma^2}\|\tilde{\mathbf{x}} - \mathbf{x}\|^2) \tag{1.8}$$

以降、変数 $\tilde{\mathbf{x}}$ は $\mathbf{x}$ に摂動 ϵ を加えた後の変数を表すことにする。

また、データ分布 $p(\mathbf{x})$ の各点に摂動が加わった後に得られる分布を摂動後分布 $p_\sigma(\tilde{\mathbf{x}})$ とよび、次のように定義する。

$$p_\sigma(\tilde{\mathbf{x}}) = \int_{\mathbf{x} \in \mathbb{R}^d} p_\sigma(\tilde{\mathbf{x}}|\mathbf{x})p(\mathbf{x})\mathrm{d}\mathbf{x}$$

この摂動後分布 $p_\sigma(\tilde{\mathbf{x}})$ は、元のデータ分布 $p(\mathbf{x})$ に、σ の大きさに応じて、少しぼやけたようなデータ分布になっている(図 1.11)。

摂動後分布での明示的スコアマッチングは、次のように定義される。

$$J_{\mathrm{ESM}_{p_\sigma}}(\theta) = \frac{1}{2}\mathbb{E}_{p_\sigma(\tilde{\mathbf{x}})}\left[\|\nabla_{\tilde{\mathbf{x}}}\log p_\sigma(\tilde{\mathbf{x}}) - \mathbf{s}_\theta(\tilde{\mathbf{x}}, \sigma)\|^2\right]$$

なお、学習対象のスコア関数は、様々な異なる大きさの摂動に対応できるように、摂動の大きさ σ も引数にとり、その時のスコアを返すようにする。

同様に摂動後分布での暗黙的スコアマッチングは、次のように定義される。

$$J_{\mathrm{ISM}_{p_\sigma}}(\theta) = \mathbb{E}_{p_\sigma(\tilde{\mathbf{x}})}\left[\frac{1}{2}\|\mathbf{s}_\theta(\tilde{\mathbf{x}}, \sigma)\|^2 + \mathrm{tr}(\nabla_{\tilde{\mathbf{x}}}\mathbf{s}_\theta(\tilde{\mathbf{x}}, \sigma))\right]$$

この場合、$\sigma > 0$ の時に、暗黙的スコアマッチングが明示的スコアマッチングと等しくなるために必要な仮定は成り立つため、

$$J_{\mathrm{ESM}_{p_\sigma}}(\theta) = J_{\mathrm{ISM}_{p_\sigma}}(\theta) + C_1$$

が成り立つ。ただし $\sigma \to 0$ の時には、前項(暗黙的スコアマッチングが明示的スコアマッチングと一致する証明)での確率分布の仮定(微分可能)が成り立たない。

この摂動後分布での暗黙的スコアマッチングを使うことによって摂動後分布のスコアを求めることができ [6]、過学習を抑えることが期待できる。一方で計算量の問題は解決していない。

デノイジングスコアマッチングは、直接スコアを目標に学習するのではなく、摂動時の条件付き確率に関するスコアを目標に学習する。

$$J_{\mathrm{DSM}_{p_\sigma}}(\theta) = \frac{1}{2}\mathbb{E}_{p_\sigma(\tilde{\mathbf{x}}|\mathbf{x})p(\mathbf{x})}\left[\|\nabla_{\tilde{\mathbf{x}}}\log p_\sigma(\tilde{\mathbf{x}}|\mathbf{x}) - \mathbf{s}_\theta(\tilde{\mathbf{x}}, \sigma)\|^2\right] \qquad (1.9)$$

この式は元の明示的スコアマッチング関数とよく似ているが、元の分布と摂動後分布の同時確率で期待値をとっていること、目標が摂動後分布のスコア $\nabla_{\tilde{\mathbf{x}}}\log p_\sigma(\tilde{\mathbf{x}})$ ではなく、条件付き確率のスコア $\nabla_{\tilde{\mathbf{x}}}\log p_\sigma(\tilde{\mathbf{x}}|\mathbf{x})$ であることに注意されたい。

元の確率分布のスコアは解析的に求められなかったが、条件付き確率のスコアは次のように解析的に求められる。

$$\nabla_{\tilde{\mathbf{x}}}\log p_\sigma(\tilde{\mathbf{x}}|\mathbf{x}) = \nabla_{\tilde{\mathbf{x}}}\log\left(\frac{1}{(2\pi)^{d/2}\sigma^d}\exp(-\frac{1}{2\sigma^2}\|\tilde{\mathbf{x}} - \mathbf{x}\|^2)\right)$$

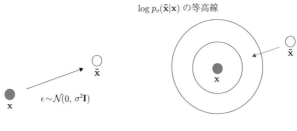

$$\nabla_{\tilde{\mathbf{x}}} \log p_\sigma(\tilde{\mathbf{x}}|\mathbf{x}) = -\frac{1}{\sigma^2}\epsilon$$

摂動後のサンプルの条件付き確率分布のスコアは、摂動をデノイジングする方向をスケール化した値で表される

図 1.12

$$
\begin{aligned}
&= \nabla_{\tilde{\mathbf{x}}} \log \frac{1}{(2\pi)^{d/2}\sigma^d} + \nabla_{\tilde{\mathbf{x}}}\left(-\frac{1}{2\sigma^2}\|\tilde{\mathbf{x}}-\mathbf{x}\|^2\right)\\
&= 0 - \frac{1}{\sigma^2}(\tilde{\mathbf{x}}-\mathbf{x})\\
&= -\frac{1}{\sigma^2}\epsilon
\end{aligned}
\tag{1.10}
$$

つまり条件付き確率分布のスコアは、加えられたノイズ ϵ(図 1.12)を除去するようなデノイジング(ノイズの負の値)を、ノイズのスケールの 2 乗 σ^2 で割った値である。

式 (1.7)、(1.8)、(1.10)でデノイジングスコアマッチング関数を書き直すと、次のように、加えられた(分散で割った)ノイズを予測する問題とみなすことができる。

$$
J_{\mathrm{DSM}_{p_\sigma}}(\theta) = \frac{1}{2}\mathbb{E}_{\epsilon\sim\mathcal{N}(\mathbf{0},\sigma^2\mathbf{I}),\mathbf{x}\sim p(\mathbf{x})}\left[\left\|-\frac{1}{\sigma^2}\epsilon - \mathbf{s}_\theta(\mathbf{x}+\epsilon,\sigma)\right\|^2\right]
\tag{1.11}
$$

このデノイジングスコアマッチングは、摂動後分布での明示的スコアマッチングと次の関係を満たす。

$$
J_{\mathrm{ESM}_{p_\sigma}}(\theta) = J_{\mathrm{DSM}_{p_\sigma}}(\theta) + C
$$

ただし、C はパラメータ θ に依存しない定数である。つまり、デノイジングスコアマッチングを目的関数として、ノイズが加えられたデータからどのよう

なノイズが加えられたのかを予測できるように学習すれば、スコアを学習できる。

なお、ここではノイズ分布として正規分布を仮定しているが、以下の証明でも示すように、デノイジングスコアマッチングに使うノイズ分布は、その摂動や摂動後分布が微分可能であれば、任意のノイズ分布を使うことができる [7]。

デノイジングスコアマッチングは、暗黙的スコアマッチングとは違って、通常の関数評価を行うだけですむ。このため、入力が高次元であっても効率的に求めることができる。

1.5.6　デノイジングスコアマッチングがスコアを推定できることの証明

それでは、デノイジングスコアマッチングが明示的スコアマッチングと定数を除いて一致することを証明する。

証明

はじめに $J_{\mathrm{ESM}_{p_\sigma}}(\theta)$ を次のように変形する。

$$
\begin{aligned}
J_{\mathrm{ESM}_{p_\sigma}}&(\theta)\\
&= \frac{1}{2}\mathbb{E}_{p_\sigma(\tilde{\mathbf{x}})}\left[\|\nabla_{\tilde{\mathbf{x}}}\log p_\sigma(\tilde{\mathbf{x}}) - \mathbf{s}_\theta(\tilde{\mathbf{x}},\sigma)\|^2\right]\\
&= \frac{1}{2}\mathbb{E}_{p_\sigma(\tilde{\mathbf{x}})}\left[\|\mathbf{s}_\theta(\tilde{\mathbf{x}},\sigma)\|^2\right] - \mathbb{E}_{p_\sigma(\tilde{\mathbf{x}})}\left[\langle\mathbf{s}_\theta(\tilde{\mathbf{x}},\sigma),\nabla_{\tilde{\mathbf{x}}}\log p_\sigma(\tilde{\mathbf{x}})\rangle\right] + C_2\\
&= \frac{1}{2}\mathbb{E}_{p_\sigma(\tilde{\mathbf{x}})}\left[\|\mathbf{s}_\theta(\tilde{\mathbf{x}},\sigma)\|^2\right] - S(\theta) + C_2
\end{aligned}
$$

ただし、$S(\theta) = \mathbb{E}_{p_\sigma(\tilde{\mathbf{x}})}\left[\langle\mathbf{s}_\theta(\tilde{\mathbf{x}},\sigma),\nabla_{\tilde{\mathbf{x}}}\log p_\sigma(\tilde{\mathbf{x}})\rangle\right]$ とおき、また C_2 はパラメータ θ に依存しない定数（$\frac{1}{2}\mathbb{E}_{p_\sigma(\tilde{\mathbf{x}})}\left[\|\nabla_{\tilde{\mathbf{x}}}\log p_\sigma(\tilde{\mathbf{x}})\|^2\right]$）である。

また、$J_{\mathrm{DSM}_{p_\sigma}}(\theta)$ について展開すると

$$
\begin{aligned}
J_{\mathrm{DSM}_{p_\sigma}}&(\theta)\\
&= \frac{1}{2}\mathbb{E}_{p_\sigma(\tilde{\mathbf{x}}|\mathbf{x})p(\mathbf{x})}\left[\|\nabla_{\tilde{\mathbf{x}}}\log p_\sigma(\tilde{\mathbf{x}}|\mathbf{x}) - \mathbf{s}_\theta(\tilde{\mathbf{x}},\sigma)\|^2\right]\\
&= \frac{1}{2}\mathbb{E}_{p_\sigma(\tilde{\mathbf{x}})}\left[\|\mathbf{s}_\theta(\tilde{\mathbf{x}},\sigma)\|^2\right] - \mathbb{E}_{p_\sigma(\tilde{\mathbf{x}},\mathbf{x})}\left[\langle\mathbf{s}_\theta(\tilde{\mathbf{x}},\sigma),\nabla_{\tilde{\mathbf{x}}}\log p_\sigma(\tilde{\mathbf{x}}|\mathbf{x})\rangle\right] + C_3
\end{aligned}
$$

ただし、$C_3 = \frac{1}{2}\mathbb{E}_{p_\sigma(\tilde{\mathbf{x}}|\mathbf{x})p(\mathbf{x})}\left[\|\nabla_{\tilde{\mathbf{x}}}\log p_\sigma(\tilde{\mathbf{x}}|\mathbf{x})\|^2\right]$ は θ に依存しない定数である。

以上の式より、$J_{\mathrm{ESM}_{p_\sigma}}(\theta)$ と $J_{\mathrm{DSM}_{p_\sigma}}(\theta)$ は、第 1 項が $\dfrac{1}{2}\mathbb{E}_{p_\sigma(\tilde{\mathbf{x}})}\left[\|\mathbf{s}_\theta(\tilde{\mathbf{x}},\sigma)\|^2\right]$ で等しく、第 3 項の C_2 と C_3 は θ に依存しない定数であるので、$S(\theta)$ と $\mathbb{E}_{p_\sigma(\tilde{\mathbf{x}},\mathbf{x})}\left[\langle\mathbf{s}_\theta(\tilde{\mathbf{x}},\sigma),\nabla_{\tilde{\mathbf{x}}}\log p_\sigma(\tilde{\mathbf{x}}|\mathbf{x})\rangle\right]$ が等しいかどうかを調べればよい。

$S(\theta)$ について次のように変形する。

$$
\begin{aligned}
S(\theta) &= \mathbb{E}_{p_\sigma(\tilde{\mathbf{x}})}\left[\langle\mathbf{s}_\theta(\tilde{\mathbf{x}},\sigma),\nabla_{\tilde{\mathbf{x}}}\log p_\sigma(\tilde{\mathbf{x}})\rangle\right]\\
&= \int_{\tilde{\mathbf{x}}} p_\sigma(\tilde{\mathbf{x}})\langle\mathbf{s}_\theta(\tilde{\mathbf{x}},\sigma),\nabla_{\tilde{\mathbf{x}}}\log p_\sigma(\tilde{\mathbf{x}})\rangle\,\mathrm{d}\tilde{\mathbf{x}}\\
&= \int_{\tilde{\mathbf{x}}} p_\sigma(\tilde{\mathbf{x}})\left\langle\mathbf{s}_\theta(\tilde{\mathbf{x}},\sigma),\frac{\nabla_{\tilde{\mathbf{x}}}p_\sigma(\tilde{\mathbf{x}})}{p_\sigma(\tilde{\mathbf{x}})}\right\rangle\,\mathrm{d}\tilde{\mathbf{x}}\\
&= \int_{\tilde{\mathbf{x}}} \langle\mathbf{s}_\theta(\tilde{\mathbf{x}},\sigma),\nabla_{\tilde{\mathbf{x}}}p_\sigma(\tilde{\mathbf{x}})\rangle\,\mathrm{d}\tilde{\mathbf{x}}
\end{aligned}
$$

摂動後分布の勾配について次の補題が成り立つ。

補題

$$
\begin{aligned}
\nabla_{\tilde{\mathbf{x}}}p_\sigma(\tilde{\mathbf{x}}) &= \nabla_{\tilde{\mathbf{x}}}\int_{\mathbf{x}} p(\mathbf{x})p_\sigma(\tilde{\mathbf{x}}|\mathbf{x})\mathrm{d}\mathbf{x}\\
&= \int_{\mathbf{x}} p(\mathbf{x})\nabla_{\tilde{\mathbf{x}}}p_\sigma(\tilde{\mathbf{x}}|\mathbf{x})\mathrm{d}\mathbf{x}\\
&= \int_{\mathbf{x}} p(\mathbf{x})p_\sigma(\tilde{\mathbf{x}}|\mathbf{x})\nabla_{\tilde{\mathbf{x}}}\log p_\sigma(\tilde{\mathbf{x}}|\mathbf{x})\mathrm{d}\mathbf{x}
\end{aligned}
$$

$S(\theta)$ に補題を適用し、次を得る。

$$
\begin{aligned}
S(\theta) &= \int_{\tilde{\mathbf{x}}}\left\langle\mathbf{s}_\theta(\tilde{\mathbf{x}},\sigma),\int_{\mathbf{x}} p(\mathbf{x})p_\sigma(\tilde{\mathbf{x}}|\mathbf{x})\nabla_{\tilde{\mathbf{x}}}\log p_\sigma(\tilde{\mathbf{x}}|\mathbf{x})\mathrm{d}\mathbf{x}\right\rangle\mathrm{d}\tilde{\mathbf{x}}\\
&= \int_{\tilde{\mathbf{x}}}\int_{\mathbf{x}} p(\mathbf{x})p_\sigma(\tilde{\mathbf{x}}|\mathbf{x})\langle\mathbf{s}_\theta(\tilde{\mathbf{x}},\sigma),\nabla_{\tilde{\mathbf{x}}}\log p_\sigma(\tilde{\mathbf{x}}|\mathbf{x})\rangle\,\mathrm{d}\mathbf{x}\mathrm{d}\tilde{\mathbf{x}}\\
&= \int_{\tilde{\mathbf{x}}}\int_{\mathbf{x}} p_\sigma(\tilde{\mathbf{x}},\mathbf{x})\langle\mathbf{s}_\theta(\tilde{\mathbf{x}},\sigma),\nabla_{\tilde{\mathbf{x}}}\log p_\sigma(\tilde{\mathbf{x}}|\mathbf{x})\rangle\,\mathrm{d}\mathbf{x}\mathrm{d}\tilde{\mathbf{x}}\\
&= \mathbb{E}_{p_\sigma(\tilde{\mathbf{x}},\mathbf{x})}\left[\langle\mathbf{s}_\theta(\tilde{\mathbf{x}},\sigma),\nabla_{\tilde{\mathbf{x}}}\log p_\sigma(\tilde{\mathbf{x}}|\mathbf{x})\rangle\right]
\end{aligned}
$$

これは $J_{\mathrm{DSM}_{p_\sigma}}(\theta)$ の第 2 項と等しい。よって、

$$
J_{\mathrm{ESM}_{p_\sigma}}(\theta) = J_{\mathrm{DSM}_{p_\sigma}}(\theta) + C_2 - C_3
$$

と表される。（証明終）

このように、ノイズを加えた後のデータから加えられたノイズを予測するこ

とで、ノイズ付加後の確率分布上のスコアを学習することができる。

1.5.7　ノイズが正規分布に従う場合の証明

先の証明では、摂動や摂動後分布は微分可能であれば何でもよかった。ここではノイズが正規分布に従う場合における、最適なデノイジング関数を解析的に与え、デノイジングスコアマッチングによって推定されたデノイジングがスコアと一致するという、別の証明を示す [8]。

証明

データセットを $D = \{\mathbf{x}^{(1)}, \mathbf{x}^{(2)}, \ldots, \mathbf{x}^{(N)}\}$ とする。また $p_{\text{data}}(\mathbf{x})$ をこれら訓練データのディラックのデルタ関数の混合分布とする。

$$p_{\text{data}}(\mathbf{x}) = \frac{1}{N} \sum_{i=1}^{N} \delta(\mathbf{x} - \mathbf{x}_i)$$

ただし、$\delta(\mathbf{x})$ は $\mathbf{x} = 0$ の時 ∞、$\mathbf{x} \neq 0$ の時 0 をとるディラックのデルタ関数である。

この時、摂動後分布 $p_\sigma(\tilde{\mathbf{x}}) = p_{\text{data}} * \mathcal{N}(\mathbf{0}, \sigma(t)^2 \mathbf{I})$ は解析的に求めることができる。ただし、$*$ は確率密度間の畳み込み操作である。

$$
\begin{aligned}
p_\sigma(\tilde{\mathbf{x}}) &= p_{\text{data}} * \mathcal{N}(\mathbf{0}, \sigma(t)^2 \mathbf{I}) \\
&= \int_{\mathbf{x}_0 \in \mathbb{R}^d} p_{\text{data}}(\mathbf{x}_0) \mathcal{N}(\tilde{\mathbf{x}}; \mathbf{x}_0, \sigma^2 \mathbf{I}) \mathrm{d}\mathbf{x}_0 \\
&= \int_{\mathbf{x}_0 \in \mathbb{R}^d} \left[\frac{1}{N} \sum_{i=1}^{N} \delta(\mathbf{x}_0 - \mathbf{x}^{(i)}) \right] \mathcal{N}(\tilde{\mathbf{x}}; \mathbf{x}_0, \sigma^2 \mathbf{I}) \mathrm{d}\mathbf{x}_0 \\
&= \frac{1}{N} \sum_{i=1}^{N} \int_{\mathbf{x}_0 \in \mathbb{R}^d} \mathcal{N}(\tilde{\mathbf{x}}; \mathbf{x}_0, \sigma^2 \mathbf{I}) \delta(\mathbf{x}_0 - \mathbf{x}^{(i)}) \mathrm{d}\mathbf{x}_0 \\
&= \frac{1}{N} \sum_{i=1}^{N} \mathcal{N}(\tilde{\mathbf{x}}; \mathbf{x}^{(i)}, \sigma^2 \mathbf{I})
\end{aligned}
$$

つまり、$p_\sigma(\tilde{\mathbf{x}})$ は平均が訓練データ $\mathbf{x}^{(i)}$、分散が $\sigma^2 \mathbf{I}$ である正規分布の混合分布とみなせる。

デノイジングスコアマッチングの目的関数は式 (1.11) を変形すると、

$$\frac{1}{2} \mathbb{E}_{\mathbf{x} \sim p_{\text{data}}(\mathbf{x}), \epsilon \sim \mathcal{N}(\mathbf{0}, \sigma^2 \mathbf{I})} \left[\left\| -\frac{\epsilon}{\sigma^2} - \mathbf{s}_\theta(\mathbf{x} + \epsilon, \sigma) \right\|^2 \right]$$

$$= \frac{1}{2} \mathbb{E}_{\mathbf{x} \sim p_{\text{data}}(\mathbf{x}), \tilde{\mathbf{x}} \sim \mathcal{N}(\mathbf{x}, \sigma^2 \mathbf{I})} \left[\left\| \frac{\mathbf{x} - \tilde{\mathbf{x}}}{\sigma^2} - \mathbf{s}_\theta(\tilde{\mathbf{x}}, \sigma) \right\|^2 \right]$$

$$(-\epsilon = \mathbf{x} - \tilde{\mathbf{x}} \text{ より})$$

$$= \frac{1}{2} \int_{\tilde{\mathbf{x}} \in \mathbb{R}^d} \underbrace{\frac{1}{N} \sum_{i=1}^{N} \mathcal{N}(\tilde{\mathbf{x}}; \mathbf{x}^{(i)}, \sigma^2 \mathbf{I}) \| \mathbf{d}^{(i)} - \mathbf{s}_\theta(\tilde{\mathbf{x}}, \sigma) \|^2}_{:= \mathcal{L}(s; \tilde{\mathbf{x}}, \sigma)} \, d\tilde{\mathbf{x}}$$

となる。ここで $\mathbf{d}^{(i)} = \dfrac{\mathbf{x}^{(i)} - \tilde{\mathbf{x}}}{\sigma^2}$ は、摂動後のサンプルから元のサンプルへのデノイジングを分散でスケーリングしたものである。各 $\tilde{\mathbf{x}}$ において、$\mathcal{L}(\mathbf{s}; \tilde{\mathbf{x}}, \sigma)$ を最小化することにより、全体を最小化できる。

式 $\mathcal{L}(\mathbf{s}; \tilde{\mathbf{x}}, \sigma)$ は $\mathbf{s}_\theta(\tilde{\mathbf{x}}, \sigma)$ についての凸最適化問題になっている。そのため、$\mathcal{L}$ が最小値をとる $\mathbf{s}_\theta(\tilde{\mathbf{x}}, \sigma)$ を求めるには、$\mathbf{s}_\theta(\tilde{\mathbf{x}}, \sigma)$ について微分をとり、0 になる値を求めればよい。

$$\nabla_{\mathbf{s}_\theta(\tilde{\mathbf{x}}, \sigma)} \left[\mathcal{L}(\mathbf{s}; \tilde{\mathbf{x}}, \sigma) \right] = -\frac{2}{N} \sum_{i=1}^{N} \mathcal{N}(\tilde{\mathbf{x}}; \mathbf{x}^{(i)}, \sigma^2 \mathbf{I}) [\mathbf{d}^{(i)} - \mathbf{s}_\theta(\tilde{\mathbf{x}}, \sigma)] = 0$$

これを式変形すると、最適なデノイジング関数は次のように解析的に求められる。

$$\mathbf{s}_\theta(\tilde{\mathbf{x}}, \sigma) = \frac{\sum_i \mathcal{N}(\tilde{\mathbf{x}}; \mathbf{x}^{(i)}, \sigma^2 \mathbf{I}) \mathbf{d}^{(i)}}{\sum_i \mathcal{N}(\tilde{\mathbf{x}}; \mathbf{x}^{(i)}, \sigma^2 \mathbf{I})}$$

この式の意味するところは、ある点 $\tilde{\mathbf{x}}$ のデノイジングとは、その点 $\tilde{\mathbf{x}}$ が各訓練データ $\mathbf{x}^{(i)}$ の摂動の結果とした時のデノイジングを

$$\mathcal{N}(\tilde{\mathbf{x}}; \mathbf{x}^{(i)}, \sigma^2 \mathbf{I}) = \frac{1}{(2\pi\sigma^2)^{-d/2}} \exp\left(-\frac{\| \tilde{\mathbf{x}} - \mathbf{x}^{(i)} \|^2}{2\sigma^2} \right)$$

で相対的に重み付けした和であるということである（図 1.13）。この重み付けは、現在の位置とサンプル間が近ければ、そのサンプルへデノイジングされる重みが急激に大きくなるような重み付けである。

また、スコア関数は定義より

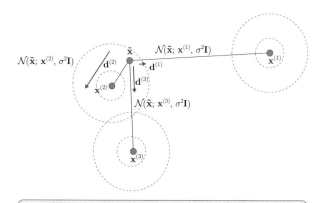

無数のデノイジングの重み付き和 = スコア

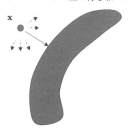

図 1.13

$$\nabla_{\tilde{\mathbf{x}}} \log p_\sigma(\tilde{\mathbf{x}}) = \frac{\nabla_{\tilde{\mathbf{x}}} p_\sigma(\tilde{\mathbf{x}})}{p_\sigma(\tilde{\mathbf{x}})}$$

$$= \frac{\nabla_{\tilde{\mathbf{x}}} \dfrac{1}{N} \sum_{i=1}^{N} \mathcal{N}(\tilde{\mathbf{x}}; \mathbf{x}^{(i)}, \sigma^2 \mathbf{I})}{\dfrac{1}{N} \sum_{i=1}^{N} \mathcal{N}(\tilde{\mathbf{x}}; \mathbf{x}^{(i)}, \sigma^2 \mathbf{I})}$$

$$= \frac{\sum_{i=1}^{N} \nabla_{\tilde{\mathbf{x}}} \mathcal{N}(\tilde{\mathbf{x}}; \mathbf{x}^{(i)}, \sigma^2 \mathbf{I})}{\sum_{i=1}^{N} \mathcal{N}(\tilde{\mathbf{x}}; \mathbf{x}^{(i)}, \sigma^2 \mathbf{I})}$$

である。正規分布 $\mathcal{N}(\tilde{\mathbf{x}}; \mathbf{x}^{(i)}, \sigma^2 \mathbf{I})$ の入力 $\tilde{\mathbf{x}}$ についての勾配は、

$$\nabla_{\tilde{\mathbf{x}}} \mathcal{N}(\tilde{\mathbf{x}}; \mathbf{x}^{(i)}, \sigma^2 \mathbf{I})$$

$$= \nabla_{\tilde{\mathbf{x}}} \left[\frac{1}{(2\pi\sigma^2)^{-d/2}} \exp\left(-\frac{\|\tilde{\mathbf{x}} - \mathbf{x}^{(i)}\|^2}{2\sigma^2} \right) \right]$$

$$= \left[\frac{1}{(2\pi\sigma^2)^{-d/2}} \exp\left(-\frac{\|\tilde{\mathbf{x}} - \mathbf{x}^{(i)}\|^2}{2\sigma^2} \right) \right] \nabla_{\tilde{\mathbf{x}}} \left(-\frac{\|\tilde{\mathbf{x}} - \mathbf{x}^{(i)}\|^2}{2\sigma^2} \right)$$

$$= \mathcal{N}(\tilde{\mathbf{x}}; \mathbf{x}^{(i)}, \sigma^2 \mathbf{I}) \left[-\frac{\tilde{\mathbf{x}} - \mathbf{x}^{(i)}}{\sigma^2} \right]$$

$$= \mathcal{N}(\tilde{\mathbf{x}}; \mathbf{x}^{(i)}, \sigma^2 \mathbf{I}) \mathbf{d}^{(i)}$$

が得られる。これより、

$$\nabla_{\tilde{\mathbf{x}}} \log p_{\sigma}(\tilde{\mathbf{x}}) = \frac{\sum_{i=1}^{N} \mathcal{N}(\tilde{\mathbf{x}}; \mathbf{x}^{(i)}, \sigma^2 \mathbf{I}) \mathbf{d}^{(i)}}{\sum_{i=1}^{N} \mathcal{N}(\tilde{\mathbf{x}}; \mathbf{x}^{(i)}, \sigma^2 \mathbf{I})}$$

となる。つまり、デノイジングスコアマッチングの最適解とスコアは一致する。（証明終）

1.5.8　スコアマッチング手法のまとめ

　明示的スコアマッチング $J_{\mathrm{ESM}_p}(\theta)$ は直接スコアを推定する手法だが、多くの確率分布はスコアが未知であるため、そのままでは適用できない。暗黙的スコアマッチング $J_{\mathrm{ISM}_p}(\theta)$ はスコアが未知であっても、確率分布がいくつかの仮定を満たす場合、スコアを求めることができる。しかし、目的関数内の 2 次微分の和を求める部分の計算量が大きく、またそのままでは過学習しやすい問題があった。

　過学習しやすい問題については、データ分布のスコアを求めるのではなく、

各データに摂動を加えた後の分布（摂動後データ分布）の明示的スコアマッチング $J_{\mathrm{ESM}_{p_\sigma}}(\theta)$ と暗黙的スコアマッチング $J_{\mathrm{ISM}_{p_\sigma}}(\theta)$ を求めることで対応できる（p ではなく、p_σ となっていることに注意）。

デノイジングスコアマッチング $J_{\mathrm{DSM}_{p_\sigma}}(\theta)$ は、ノイズを加えたデータから、加えられたノイズを予測するタスクを解くことで、摂動後データ分布のスコアを求めることができる。デノイジングスコアマッチングは、摂動を加えることにより過学習を防ぐことができ、かつ計算量は入力次元に対し線形で実現できる。

第 1 章のまとめ

本章では高次元データの生成モデルにおける学習やサンプリングの難しさについて述べ、特にすべてのデータの情報をまとめた分配関数を扱うことが難しいこと、確率が大きな領域を効率的に探索することが難しいことを説明した。対数尤度の勾配であるスコアは、分配関数を扱う必要がなく、またスコアを使ったランジュバン・モンテカルロ法は、スコアが定義する確率分布からのサンプリングを実現し、確率が大きな領域を効率的に探索できることを説明した。

次に、訓練データからスコアを推定する手法として、特にデノイジングスコアマッチングは、過学習を防ぎつつ、高次元データでも効率的に求められることを示した。

2 拡散モデル

　本章では、拡散モデルとよばれる生成モデルを紹介していく。拡散モデルはスコアベースモデルとデノイジング拡散確率モデルとよばれる2つのモデルから導出され、シグナルノイズ比という統一的な枠組みで説明することができる。拡散モデルは複数の異なる摂動後分布のスコアを組み合わせたランジュバン・モンテカルロ法、無限の深さをもった潜在変数モデルなど、様々な見方のできる生成モデルとみなすことができる。

2.1　スコアベースモデルとデノイジング拡散確率モデル

この章では2つの生成モデルを順に紹介していく。

　1つ目がスコアベースモデル(SBM)である。第1章でみたように、デノイジングスコアマッチングで推定したスコアを使ったランジュバン・モンテカルロ法によって、対象の確率分布からのサンプルを得ることができる。しかし実際には、スコア推定に問題があること、また、サンプリングに非常に長い時間を必要とし、高次元で多峰性のあるデータ分布からのサンプリングではうまくいかない。これらの問題を解決するために、複数の大きさの異なるノイズで摂動した分布上でスコアを学習し、ランジュバン・モンテカルロ法を用いてデータを生成することをみていく。

　2つ目がデノイジング拡散確率モデル(DDPM; Denoising Diffusion Probabilistic Model)である。DDPM は、データに徐々にノイズを加えていき、完全なノイズになる拡散過程を考え、次に、この拡散過程を逆向きにたどる逆拡散過程でノイズからデータを生成する。この生成過程を潜在変数モデルとみなした上で、対数尤度の下限である変分下限(ELBO; Evidence Lower Bound)

を最大化することにより学習する。

　これら 2 つの生成モデルの導出方法は異なるが、重みパラメータのみが異なる同じ目的関数を使って学習しており、統一的に扱えることを示していく。そして、SBM と DDPM を合わせたモデルを拡散モデルとよぶことにする。

2.2　スコアベースモデル

最初にスコアベースモデル（SBM）[9] [10] について紹介する。

2.2.1　推定したスコアを使ったランジュバン・モンテカルロ法の問題点

　第 1 章では、スコアを用いたランジュバン・モンテカルロ法により、確率分布 $p(\mathbf{x})$ からのサンプルを得ることができることをみた。しかし実際には、この方法で高次元かつ多峰性をもつデータ分布からのサンプリングを実現することは 2 つの点で難しい。

　1 つ目の問題は、デノイジングスコアマッチングなどで推定されたスコア関数がデータ分布の密度が小さい領域で不正確であることである（図 2.1）。これは次のように、目的関数がデータ分布 $p(\mathbf{x})$ で重み付けされたスコアの差として表されているために、$p(\mathbf{x})$ の小さい領域が $p(\mathbf{x})$ の大きい領域に比べて相対的に無視されるためである。

$$J_{\mathrm{ESM}_p}(\theta) = \frac{1}{2}\mathbb{E}_{p(\mathbf{x})}\left[\|\nabla_{\mathbf{x}}\log p(\mathbf{x}) - \mathbf{s}_\theta(\mathbf{x})\|^2\right]$$

$$= \frac{1}{2}\int p(\mathbf{x})\|\nabla_{\mathbf{x}}\log p(\mathbf{x}) - \mathbf{s}_\theta(\mathbf{x})\|^2\mathrm{d}\mathbf{x}$$

　世の中の興味がある高次元データ（画像、音声、動画など）は、高次元データのほんの一部のデータの組み合わせのみが非ゼロの確率をもつと考えられる。つまり、データ間に強い相関があり、可能な高次元の組み合わせのほとんどが無視できて、見かけの次元よりもずっと少ないパラメータ数で支配されているという、多様体仮説が成り立つと考えられている。このような場合、ほとんどの領域で $p(\mathbf{x}) \simeq 0$ である。こうした領域ではデータはサンプリングされず、その領域のスコアは学習されることがなく、未学習の状態となる。

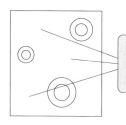

確率密度が元々小さい領域がスコア学習中にサンプリングされる確率は低く、スコアの推定が不正確になる

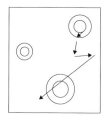

ランジュバン・モンテカルロ法などでサンプリング中に確率密度が元々小さい領域を通過する際に、不正確なスコアを使うため問題となる

図 2.1

　多様体仮説が成り立つようなデータ分布の場合、初期分布からのサンプル $\mathbf{x}_0 \sim \pi(\mathbf{x})$ は、データ分布の確率密度が小さい領域に存在する可能性が高い。また、サンプリング途中に離散化誤差によって、たまたまデータ分布の確率密度が小さい領域を通過する可能性も高い。こうした領域では推定したスコアが不正確であり、ランジュバン・モンテカルロ法による更新は不正確となり、正しいサンプルが得られない。多くの場合、サンプルは発散し、ほとんどノイズのようなサンプルしか得られない。

　2つ目は MCMC 法を使ったサンプリングに共通する問題だが、データ分布が多峰性をもつ場合、あるモード(確率が大きい領域)から他のモードに移るために確率が小さい領域を通過するのに非常に多くのステップを必要とする点である。MCMC 法では、遷移先として確率が小さい候補が選ばれる確率は 0 ではないが、非常に小さい値であり、確率が小さい領域を越えて別のモードにたまたま到達できる可能性は非常に低い。

　例えば、ランジュバン・モンテカルロ法がどのように動くかをみてみよう。更新則を再掲する。

$$\mathbf{x}_k := \mathbf{x}_{k-1} + \alpha \nabla_\mathbf{x} \log p(\mathbf{x}_{k-1}) + \sqrt{2\alpha}\mathbf{u}_k, \quad \mathbf{u}_k \sim \mathcal{N}(\mathbf{0}, \mathbf{I})$$

　あるモードやその周辺にいる時、スコア $\nabla_\mathbf{x} \log p(\mathbf{x})$ は常にモードの中心を

向いている。そのため、あるモードから他のモードに移るためには、ノイズの力のみを使って、スコアが引っ張る力に逆らって別のモードの領域（スコアが別のモードの中心を指す領域）まで到達する必要がある。

ただでさえランダムな方向をもつノイズ $\mathbf{u}_k$ によって遠くまで到達するには多くのステップ数を必要とするのに、現在いるモードによるスコアの影響を受けながら他のモードに到達するには非常に多くのステップ数を必要とする。

2.2.2　スコアベースモデルは複数の攪乱後分布のスコアを組み合わせる

SBM は、これらの問題を解決するため、データ分布として複数の異なる強さのノイズによって攪乱した攪乱後分布を用意し、それらの攪乱後分布上でスコアを求める。

なお、ここではデータ全体を破壊するような大きなノイズを考えるため、小さな攪乱を意味する摂動ではなく攪乱という用語を使うことにする（英語ではどちらも perturb である）。

攪乱後分布は元のデータよりも広い領域に広がっていることが期待されるので、もともとデータが存在していない領域でもスコアが学習されると共に、攪乱後分布は元の分布よりなだらかになっており、特に元のデータが消えてしまうような強い攪乱を使った場合の攪乱後分布は、異なるモードがつながった単峰性の分布となる。

そして、もっとも強い攪乱後分布でランジュバン・モンテカルロ法を動かし、それにより得られた結果を初期値として使って、それより攪乱の少ない分布上でランジュバン・モンテカルロ法を動かす。これを繰り返していくことで、元の分布には多峰性があったとしても、攪乱後の分布からのサンプリングでは、それらの峰を網羅することが期待される。

こうした考えは最適化問題における焼きなまし法や、それを MCMC 法に適用した手法と似ている。これらのアプローチと攪乱後分布を使った場合の違いについて説明する。焼きなまし法を適用した MCMC 法は、確率が低い領域の採択確率も上げる（確率分布を一様分布に近づけていく）ことで、確率が低い領域も効率的に探索しようとするアプローチである。一方、この焼きなまし法は各点の確率を変えるだけで空間方向には確率密度を変えず、モードに到達

できるような情報を周辺に与えるわけではない。これをみるため、極端な例として データ分布がディラックのデルタ分布のような、モード周辺のみ高い確率であり、それ以外の確率は 0 である場合を考える。この場合、焼きなまし法を使って温度を上げて一様分布に近づけていったとしても、モード以外は平坦なままなので、確率が低い領域では、どの方向に進めばモードにたどり着けるのかどうかはわからず、探索はランダムウォークのままである。

これに対し、攪乱後分布は、攪乱するごとに高い確率密度の領域が周辺の空間方向に拡散していく。これらの拡散によって、モードはどこにあるのかという情報を周りに伝えることができる。これとスコアによる探索を組み合わせることによって、拡散した後の分布上でのランジュバン・モンテカルロ法は各モードを効率的に探索することができる。

それでは、SBM について具体的に説明していく。T 個の異なるノイズの強さ $\sigma_{\min} = \sigma_1 < \sigma_2 < \cdots < \sigma_T = \sigma_{\max}$ を使って確率分布を攪乱することを考える。これら攪乱後の分布をそれぞれ $p_{\sigma_t}(\tilde{\mathbf{x}})$ とする。

$$p_{\sigma_t}(\tilde{\mathbf{x}}) = \int p(\mathbf{x}) \mathcal{N}(\tilde{\mathbf{x}}; \mathbf{x}, \sigma_t^2 \mathbf{I}) \mathrm{d}\mathbf{x}$$

この攪乱後分布 $p_{\sigma_t}(\tilde{\mathbf{x}})$ からのサンプルは、変数変換によって $\mathbf{x} \sim p(\mathbf{x})$ とサンプリングした後に $\mathbf{x} + \sigma_t \mathbf{u}$(ただし $\mathbf{u} \sim \mathcal{N}(\mathbf{0}, \mathbf{I})$)とサンプリングすることによって得られる。

最大のノイズ $\sigma_{\max}$ は元のデータ分布 $p(\mathbf{x})$ がほとんど消えて $p_{\sigma_{\max}}(\tilde{\mathbf{x}}) \simeq \mathcal{N}(\tilde{\mathbf{x}}; \mathbf{0}, \sigma_T^2 \mathbf{I})$ となる程度に大きく、最小のノイズ σ_1 は $\sigma_1 \sim 0$ となるような小さな値とし、σ_t は等比数列となるように設定するのが一般的である。

次にそれぞれの攪乱後分布 $p_{\sigma_t}(\tilde{\mathbf{x}})$ 上のスコア $\nabla_{\tilde{\mathbf{x}}} \log p_{\sigma_t}(\tilde{\mathbf{x}})$, $t = 1, 2, \ldots, L$ を推定する(図 2.2)。

$$L_{\mathrm{SBM}}(\theta) := \sum_{t=1}^{T} w_t \mathbb{E}_{p_{\sigma_t}}(\tilde{\mathbf{x}}) \left[\|\nabla_{\tilde{\mathbf{x}}} \log p_{\sigma_t}(\tilde{\mathbf{x}}) - \mathbf{s}_\theta(\tilde{\mathbf{x}}, \sigma_t)\|^2 \right]$$

この場合、スコア関数 $\mathbf{s}_\theta(\tilde{\mathbf{x}}, \sigma_t)$ は入力に加えてノイズの大きさ σ_t も受け取り、その攪乱後分布の時のスコアを推定できるようになっている。つまり、異なる強さのノイズを受け取るスコアのモデルにおけるパラメータは共有している。また、w_t は各ノイズの大きさ σ_t に対する損失の重みである。Song らの

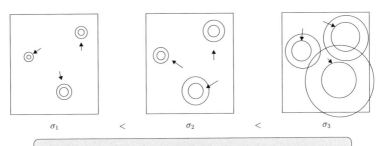

図 2.2

論文における予備実験 [9] から、スコアのスケールが $\|\mathbf{s}_\theta(\tilde{\mathbf{x}}, \sigma_t)\|^2 \propto 1/\sigma_t$ となるので、$w_t = \sigma_t^2$ とすることで、各項のスケールが同程度になることを期待する。

このスコアは第 1 章で紹介したデノイジングスコアマッチングを使って推定する。つまり、SBM はデノイジングスコアマッチングに使う摂動の大きさを変えて学習することにより、異なる摂動後分布のスコアを求める。

$$\sum_{t=1}^{T} w_t \mathbb{E}_{\mathbf{x} \sim p_{\mathrm{data}}(\mathbf{x}), \tilde{\mathbf{x}} \sim \mathcal{N}(\mathbf{x}, \sigma_t^2 \mathbf{I})} \left[\left\| \frac{\mathbf{x} - \tilde{\mathbf{x}}}{\sigma_t^2} - \mathbf{s}_\theta(\tilde{\mathbf{x}}, \sigma_t) \right\|^2 \right]$$

必要なステップ数 T は、データ分布の複雑さなどに依存するが、画像生成などの場合には、T は数百から数千程度必要となる。一方、このモデルは、異なるノイズもすべて 1 つのモデル $\mathbf{s}_\theta(\tilde{\mathbf{x}}, \sigma_t)$ で表すことができる。学習の際は様々なノイズの強さをサンプリングし、それによって学習すればよい。

SBM のサンプリングは、徐々に小さなノイズを使った攪乱後分布のそれぞれで、ランジュバン・モンテカルロ法によりサンプリングを行う。各ノイズレベルで最終的に得られたサンプルを初期値として、次に一段ノイズレベルを下げた攪乱後分布上でのサンプリングを行い、これを繰り返していく。

SBM のサンプリングを以下のようにまとめる。

Algorithm 2.1：SBM サンプリング

1：$\mathbf{x}_{T,0}$ を初期化（例：$\mathbf{x}_{T,0} \sim \mathcal{N}(\mathbf{0}, \sigma_T^2 \mathbf{I})$）

2：α：ステップ幅のスケール

3：**for** $t = T, \ldots, 1$ **do**

4：　$\alpha_t := \alpha \sigma_t^2 / \sigma_T^2$

5：　**for** $k = 1, \ldots, K$ **do**

6：　　$\mathbf{u}_k \sim \mathcal{N}(\mathbf{0}, \mathbf{I})$

7：　　**if** $(t = 1 \text{ and } k = K)$ **then** $\mathbf{u}_k := \mathbf{0}$

8：　　$\mathbf{x}_{t,k} := \mathbf{x}_{t,k-1} + \alpha_t s_\theta(\mathbf{x}_{t,k-1}, \sigma_t) + \sqrt{2\alpha_t} \mathbf{u}_k$

9：　**end for**

10：　$\mathbf{x}_{t-1,0} := \mathbf{x}_{t,K}$

11：**end for**

12：**return** $\mathbf{x}_{0,0}$

この場合、各ノイズレベルでの繰り返し回数が $K \to \infty$ および $\alpha_t \to 0$ になった時、$q_{\sigma_{\min}}(\mathbf{x}) \approx p_{\mathrm{data}}(\mathbf{x})$ となる。

7 行目にあるように、最後の繰り返しにおいて，$(t = 1, k = K)$ ではノイズ（$\mathbf{u}_K$）を加えずデノイジングのみを行う（$\mathbf{x}_{1,K} := \mathbf{x}_{1,K-1} + \alpha_1 s_\theta(\mathbf{x}_{1,K-1}, \sigma_1)$）ことにより、サンプリングの最終品質を大きく改善できる。

このように、SBM は複数の攪乱後分布のスコアを組み合わせて、多峰性のある分布であっても効率よくサンプリングすることができる。

2.3 デノイジング拡散確率モデル

次に紹介するのがデノイジング拡散確率モデル（DDPM; Denoising Diffusion Probabilistic Model）[11] [12] である。DDPM はデータにノイズを徐々に加えていき、完全なノイズに変わっていく拡散過程を考える。そして、拡散過程を逆向きにたどる逆拡散過程を使って、ノイズからデータを生成する。この逆拡散過程が生成モデルを定義する。

前節で述べたように、SBM は、複数の異なる強さのノイズで攪乱した攪乱

後分布上でスコアを学習し、MCMC 法を適用することによって学習の問題を克服し、多峰性がある分布でも効率的にサンプリングできる方法として導出された。学習はデノイジングスコアマッチングで実現され、サンプリングはランジュバン・モンテカルロ法で行う。これに対し、DDPM は、ノイズが加えられたデータを観測変数を生成した潜在変数と考え、潜在変数モデルとして最尤推定による学習を行い、逆拡散過程に従って潜在変数を順にサンプリング(伝承サンプリング)することにより、最終的な観測変数であるデータをサンプリングする。このように SBM と DDPM は一見すると異なる手法にみえるが、重みだけが異なる同じ目的関数を使って最適化し、拡散モデルという統一的な枠組みで扱うことができることをみていく。

2.3.1　拡散過程と逆拡散過程からなる潜在変数モデル

それでは DDPM について具体的に説明する。DDPM は次のような潜在変数モデルとみなすことができる(図 2.3)。

データ $\mathbf{x}_0$ のデータ成分を徐々に小さくし、一方ノイズを徐々に加え、ノイズが付加されたデータ $\mathbf{x}_1, \mathbf{x}_2, \ldots, \mathbf{x}_T$ を得るマルコフ過程を考える。

$$q(\mathbf{x}_{1:T}|\mathbf{x}_0) := \prod_{t=1}^{T} q(\mathbf{x}_t|\mathbf{x}_{t-1})$$
$$q(\mathbf{x}_t|\mathbf{x}_{t-1}) := \mathcal{N}(\mathbf{x}_t; \sqrt{\alpha_t}\mathbf{x}_{t-1}, \beta_t\mathbf{I})$$

ここで $0 < \beta_1 < \beta_2 < \cdots < \beta_T < 1$ は、分散の大きさを制御するパラメータであり、$\alpha_t := 1 - \beta_t$ とする。これらを合わせてノイズスケジュールとよぶ。この拡散過程を繰り返していくと、データ成分は徐々に小さくなり($\sqrt{\alpha_t} < 1$ より)、一方ノイズは大きくなっていくため、任意の $\mathbf{x}_0$ について $q(\mathbf{x}_T|\mathbf{x}_0) \simeq \mathcal{N}(\mathbf{x}_T; \mathbf{0}, \mathbf{I})$ が成り立ち、その周辺確率が $q(\mathbf{x}_T) \simeq \mathcal{N}(\mathbf{x}_T; \mathbf{0}, \mathbf{I})$ であるサンプルとみなせる。このマルコフ過程の同時分布を拡散過程または前向き過程とよぶ。潜在変数モデルとみなすと、拡散過程は推論過程である。

次に、完全なノイズ $\mathcal{N}(\mathbf{x}_T; \mathbf{0}, \mathbf{I})$ からスタートし、拡散過程を逆向きにたどるマルコフ過程の同時分布を、逆拡散過程もしくは逆向き過程とよび、生成過程である。各ステップは正規分布で表し、それらの平均と共分散行列は、前の

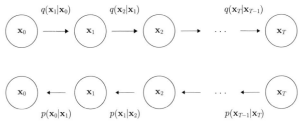

拡散過程／前向き過程／推論過程

逆拡散過程／逆向き過程／生成過程

DDPM はデータに徐々にノイズを加えていく拡散過程を逆向きにたどる逆拡散過程でデータを生成する。$\mathbf{x}_1, \dots, \mathbf{x}_T$ を潜在変数とした潜在変数モデルとみなすことができ、拡散過程は固定の推論過程、逆拡散過程は生成過程である

図 2.3

時刻の変数 $\mathbf{x}_t$ と時刻 t を入力とし、パラメータ θ で特徴づけられたモデルで表される。例えば、ニューラルネットワークを使ってモデル化すると次のようになる。

$$p_\theta(\mathbf{x}_{0:T}) := p(\mathbf{x}_T) \prod_{t=1}^{T} p_\theta(\mathbf{x}_{t-1}|\mathbf{x}_t)$$

$$p_\theta(\mathbf{x}_{t-1}|\mathbf{x}_t) := \mathcal{N}(\mathbf{x}_{t-1}; \mu_\theta(\mathbf{x}_t, t), \boldsymbol{\Sigma}_\theta(\mathbf{x}_t, t))$$

$$p(\mathbf{x}_T) = \mathcal{N}(\mathbf{x}_T; \mathbf{0}, \mathbf{I})$$

この逆拡散過程は必ずしも正規分布で表せないが、β_t が十分小さい場合は拡散過程と逆拡散過程が同じ関数形をもつことが証明でき、逆拡散過程に正規分布を使うことが正当化できる [13]。

拡散過程のノイズスケジュール $\{\beta_t\}$ はハイパーパラメータとして指定できるが、学習によって決定することもできる。ノイズスケジュールを学習によって決定する手法は本章末で紹介する。

拡散過程はマルコフ過程であるが、任意の時刻 t のサンプル $\mathbf{x}_t \sim q(\mathbf{x}_t|\mathbf{x}_0)$ が解析的に求められるという優れた性質をもつ。これは、ノイズに正規分布を使っているため成り立つ性質であり、正規分布の再生性(2つの正規分布から

のサンプルの和が再度正規分布に従う）を利用している。再生性をもつ他の分布の場合も、同様に解析的に求めることができる。具体的には次のように求められる。

$$q(\mathbf{x}_t|\mathbf{x}_0) = \mathcal{N}(\mathbf{x}_t; \sqrt{\bar{\alpha}_t}\mathbf{x}_0, \bar{\beta}_t\mathbf{I})$$
$$\bar{\alpha}_t := \prod_{s=1}^{t} \alpha_s \tag{2.1}$$
$$\bar{\beta}_t := 1 - \bar{\alpha}_t$$

任意時刻の拡散条件付確率の証明

ここでは、$q(\mathbf{x}_t|\mathbf{x}_0) = \mathcal{N}(\mathbf{x}_t; \sqrt{\bar{\alpha}_t}\mathbf{x}_0, \bar{\beta}_t\mathbf{I})$ が成り立つことを帰納法で証明する。

証明

$t=1$ の時、定義より $q(\mathbf{x}_1|\mathbf{x}_0) := \mathcal{N}(\mathbf{x}_1; \sqrt{\alpha_1}\mathbf{x}_0, \beta_1\mathbf{I})$ であり、$\alpha_1 = \bar{\alpha}_1, \beta_1 = 1 - \alpha_1 = \bar{\beta}_1$ が成り立つ。

次に $t=i$ の時、式 (2.1) が成り立つと仮定し、$t=i+1$ の時にも式 (2.1) が成り立つことを示す。

平均 $\boldsymbol{\mu}$、分散 $\sigma^2\mathbf{I}$ をもつ正規分布からのサンプルは、$\epsilon \sim \mathcal{N}(\mathbf{0}, \mathbf{I})$ を使って $\boldsymbol{\mu} + \sigma\epsilon$ と変換できることに注意する。

仮定より、$q(\mathbf{x}_t|\mathbf{x}_0) = \mathcal{N}(\mathbf{x}_t; \sqrt{\bar{\alpha}_t}\mathbf{x}_0, \bar{\beta}_t\mathbf{I})$ が成り立つことから、サンプル $\mathbf{x}_t$ は

$$\mathbf{x}_t = \sqrt{\bar{\alpha}_t}\mathbf{x}_0 + \sqrt{\bar{\beta}_t}\,\epsilon, \quad \epsilon \sim \mathcal{N}(\mathbf{0}, \mathbf{I}) \tag{2.2}$$

と表される。

同様に q の定義より $q(\mathbf{x}_{t+1}|\mathbf{x}_t) := \mathcal{N}(\mathbf{x}_{t+1}; \sqrt{\alpha_{t+1}}\mathbf{x}_t, \beta_{t+1}\mathbf{I})$ が成り立つのでサンプル $\mathbf{x}_{t+1}$ は

$$\mathbf{x}_{t+1} = \sqrt{\alpha_{t+1}}\mathbf{x}_t + \sqrt{\beta_{t+1}}\epsilon_{t+1}, \quad \epsilon_{t+1} \sim \mathcal{N}(\mathbf{0}, \mathbf{I})$$

と表される。

$\mathbf{x}_t$ に先の式 (2.2) を代入すると

$$\mathbf{x}_{t+1} = \sqrt{\alpha_{t+1}}(\sqrt{\bar{\alpha}}\,\mathbf{x}_0 + \sqrt{\bar{\beta}_t}\,\epsilon) + \sqrt{\beta_{t+1}}\epsilon_{t+1}$$
$$= \sqrt{\alpha_{t+1}}\sqrt{\bar{\alpha}}\,\mathbf{x}_0 + \sqrt{\alpha_{t+1}}\sqrt{\bar{\beta}_t}\,\epsilon + \sqrt{\beta_{t+1}}\epsilon_{t+1}$$
$$= \sqrt{\bar{\alpha}_{t+1}}\mathbf{x}_0 + \sqrt{\alpha_{t+1}}\sqrt{\bar{\beta}_t}\,\epsilon + \sqrt{\beta_{t+1}}\epsilon_{t+1}$$

ここで、2つの正規分布の確率変数 $X \sim \mathcal{N}(\mathbf{0}, \mathbf{I})$ と $Y \sim \mathcal{N}(\mathbf{0}, \mathbf{I})$ の和 $aX + bY$ は、正規分布 $\mathcal{N}(\mathbf{0}, a^2 + b^2)$ に従うことを利用する。第2項と第3項の和 $\sqrt{\alpha_{t+1}}\sqrt{\bar{\beta}_t}\,\epsilon + \sqrt{\beta_{t+1}}\epsilon_{t+1}$ は、2つの正規分布 ϵ, ϵ_{t+1} の係数がそれぞれ $a = \sqrt{\alpha_{t+1}}\sqrt{\bar{\beta}_t}$, $b = \sqrt{\beta_{t+1}}$ である場合に対応するので、それらの和の正規分布の分散は

$$a^2 + b^2 = \alpha_{t+1}\bar{\beta}_t + \beta_{t+1}$$
$$= \alpha_{t+1}(1 - \bar{\alpha}_t) + (1 - \alpha_{t+1})$$
$$= 1 - \bar{\alpha}_{t+1}$$
$$= \bar{\beta}_{t+1}$$

となる。これより、第2項と第3項の和は正規分布 $\mathcal{N}(\mathbf{0}, \bar{\beta}_{t+1}\mathbf{I})$ に従う。
　よって

$$\mathbf{x}_{t+1} = \sqrt{\bar{\alpha}_{t+1}}\mathbf{x}_0 + \sqrt{\bar{\beta}_{t+1}}\epsilon', \quad \epsilon' \sim \mathcal{N}(\mathbf{0}, \mathbf{I})$$

が得られる。これは、$\mathbf{x}_{t+1}$ が平均 $\sqrt{\bar{\alpha}_{t+1}}\mathbf{x}_0$、分散 $\bar{\beta}_{t+1}$ の正規分布からのサンプルとみなせる。(証明終)

DDPM は生成過程の一部分を抜き出して学習できる

　このように任意の時刻の拡散条件付確率が解析的に求められることで、大きなモデルを効率的に学習できることを説明する。DDPM は非常に深い確率層(ステップ数)をもった潜在変数モデルとみなすことができる。こうした潜在変数モデルの学習においては、変分自己符号化器(VAE)と同様に変数変換トリックを使って、すべての認識過程(拡散過程)と生成過程(逆拡散過程)をつなげた計算グラフに誤差逆伝播法を適用することにより、パラメータについての勾

配を求めることができる。しかし、拡散モデルは拡散や逆拡散に数十から数千ステップを要し、学習時にこの計算グラフ全体を評価することは計算コストが大きすぎるだけでなく、誤差逆伝播時に必要となる途中の計算結果を保持することがメモリ使用量的に難しい。

そこで DDPM やその一般化である拡散モデルは、拡散過程(認識過程)で任意時刻の潜在変数を解析的に求められる特徴を使って、途中の層をランダムに抜き出し、それぞれを独立に分けて学習する。つまり、拡散モデルは従来では学習することができなかった非常に大きな計算グラフからなる生成過程を、一部分だけ抜き出して学習することができる。

2.3.2　DDPM の学習

次に DDPM のパラメータを最尤推定で求める。生成過程で $\mathbf{x}_0$ が観測変数であり $\mathbf{x}_{1:T}$ は観測できない潜在変数である。ここで $\mathbf{x}_{i:j} := \mathbf{x}_i, \mathbf{x}_{i+1}, \ldots, \mathbf{x}_j$ と表すこととする。観測変数 $\mathbf{x}_0$ の尤度 $p_\theta(\mathbf{x}_0)$ は逆拡散過程(生成過程)の同時確率の潜在変数を周辺化することで得られる。

$$p_\theta(\mathbf{x}_0) = \int p_\theta(\mathbf{x}_{0:T}) \mathrm{d}\mathbf{x}_{1:T}$$

このように、尤度を求めるには潜在変数についての積分操作が必要であり、現実的な計算量で求めることができない。

潜在変数を含めた最尤推定は、対数尤度の変分下限(ELBO)の最大化によって実現される(ELBO については巻末の付録 A.2 節参照)。ここでは最小化問題とするために、負の変分下限の最小化問題とみなすことにする。

$$\begin{aligned}
&-\log p_\theta(\mathbf{x}_0) \\
&\leq \mathbb{E}_{q(\mathbf{x}_{1:T}|\mathbf{x}_0)}\left[-\log \frac{p_\theta(\mathbf{x}_{0:T})}{q(\mathbf{x}_{1:T}|\mathbf{x}_0)}\right] \\
&= \mathbb{E}_{q(\mathbf{x}_{1:T}|\mathbf{x}_0)}\left[-\log \frac{p_\theta(\mathbf{x}_0|\mathbf{x}_1)p_\theta(\mathbf{x}_1|\mathbf{x}_2)\cdots p_\theta(\mathbf{x}_{T-1}|\mathbf{x}_T)p_\theta(\mathbf{x}_T)}{q(\mathbf{x}_T|\mathbf{x}_{T-1})q(\mathbf{x}_{T-1}|\mathbf{x}_{T-2})\cdots q(\mathbf{x}_1|\mathbf{x}_0)}\right] \\
&\qquad\qquad\qquad (p_\theta \text{ と } q \text{ のマルコフ性で同時確率を分解}) \\
&= \mathbb{E}_{q(\mathbf{x}_{1:T}|\mathbf{x}_0)}\left[-\log p(\mathbf{x}_T) - \sum_{t\geq 1}\log \frac{p_\theta(\mathbf{x}_{t-1}|\mathbf{x}_t)}{q(\mathbf{x}_t|\mathbf{x}_{t-1})}\right] := L(\theta)
\end{aligned}$$

$L(\theta)$ は、対数尤度の下限(ここでは負の対数尤度の上限)であるので、変分下限とよばれる。この変分下限は、$p(\mathbf{x}_{1:T}|\mathbf{x}_0)$ と $q(\mathbf{x}_{1:T}|\mathbf{x}_0)$ が等しい時、対数尤度と等しい。最適化の過程では、この2つが一致するようにした上で、変分下限を最大化(負の対数尤度の上限の場合は最小化)する方向で最適化が進む。

以降では、q の期待値をとる確率分布 $q(\mathbf{x}_{1:T}|\mathbf{x}_0)$ については q と略記する。$L(\theta)$ をさらに展開すると、以下のようになる。

$$L(\theta) = \mathbb{E}_q \left[-\log p(\mathbf{x}_T) - \sum_{t \geq 1} \log \frac{p_\theta(\mathbf{x}_{t-1}|\mathbf{x}_t)}{q(\mathbf{x}_t|\mathbf{x}_{t-1})} \right]$$

$$= \mathbb{E}_q \left[-\log p(\mathbf{x}_T) - \sum_{t > 1} \log \frac{p_\theta(\mathbf{x}_{t-1}|\mathbf{x}_t)}{q(\mathbf{x}_t|\mathbf{x}_{t-1})} - \log \frac{p_\theta(\mathbf{x}_0|\mathbf{x}_1)}{q(\mathbf{x}_1|\mathbf{x}_0)} \right]$$

この式をこのまま変形していった場合、期待値の中の第2項が、$q(\mathbf{x}_{t-1}, \mathbf{x}_{t+1}|\mathbf{x}_t)$ についての期待値を必要とし、2つの確率変数についてのモンテカルロサンプリングを必要とするため、分散は大きくなってしまう。

ここで、拡散過程 $q(\mathbf{x})$ はマルコフ過程であるため、各状態は直前の状態によって決まるので、$q(\mathbf{x}_t|\mathbf{x}_{t-1}) = q(\mathbf{x}_t|\mathbf{x}_{t-1}, \mathbf{x}_0)$ が成り立つ。つまり、条件部に $\mathbf{x}_{t-1}$ より前の時刻の $\mathbf{x}_0$ が含まれていたとしても、確率分布は変わらない。これを利用し、天下り的であるが期待値の中の第2項を $q(\mathbf{x}_t|\mathbf{x}_{t-1}, \mathbf{x}_0)$ のように変換しておく。

$L(\theta)$

$$= \mathbb{E}_q \left[-\log p(\mathbf{x}_T) - \sum_{t > 1} \log \frac{p_\theta(\mathbf{x}_{t-1}|\mathbf{x}_t)}{q(\mathbf{x}_t|\mathbf{x}_{t-1}, \mathbf{x}_0)} - \log \frac{p_\theta(\mathbf{x}_0|\mathbf{x}_1)}{q(\mathbf{x}_1|\mathbf{x}_0)} \right]$$

続けて変換すると、

$$= \mathbb{E}_q \left[-\log p(\mathbf{x}_T) - \sum_{t > 1} \log \frac{p_\theta(\mathbf{x}_{t-1}|\mathbf{x}_t)}{q(\mathbf{x}_{t-1}|\mathbf{x}_t, \mathbf{x}_0)} \cdot \frac{q(\mathbf{x}_{t-1}|\mathbf{x}_0)}{q(\mathbf{x}_t|\mathbf{x}_0)} - \log \frac{p_\theta(\mathbf{x}_0|\mathbf{x}_1)}{q(\mathbf{x}_1|\mathbf{x}_0)} \right]$$

(ここではベイズの定理で $q(\mathbf{x}_t|\mathbf{x}_{t-1}, \mathbf{x}_0) = q(\mathbf{x}_{t-1}|\mathbf{x}_t, \mathbf{x}_0) q(\mathbf{x}_t|\mathbf{x}_0)/q(\mathbf{x}_{t-1}|\mathbf{x}_0)$ を適用)

$$= \mathbb{E}_q \left[-\log \frac{p(\mathbf{x}_T)}{q(\mathbf{x}_T|\mathbf{x}_0)} - \sum_{t > 1} \log \frac{p_\theta(\mathbf{x}_{t-1}|\mathbf{x}_t)}{q(\mathbf{x}_{t-1}|\mathbf{x}_t, \mathbf{x}_0)} - \log p_\theta(\mathbf{x}_0|\mathbf{x}_1) \right]$$

（ここで、$q(\mathbf{x}_t|\mathbf{x}_0)$ は畳み込み級数として最後の $q(\mathbf{x}_T|\mathbf{x}_0)$ と最初の $q(\mathbf{x}_1|\mathbf{x}_0)$ 以外は打ち消し合って消える。また $q(\mathbf{x}_1|\mathbf{x}_0)$ は第 3 項の分母と打ち消し合う。）

$$
= \mathbb{E}_q \Bigg[\underbrace{D_{\mathrm{KL}}(q(\mathbf{x}_T|\mathbf{x}_0)\|p(\mathbf{x}_T))}_{L_T}
$$

$$
+ \sum_{t>1} \underbrace{D_{\mathrm{KL}}(q(\mathbf{x}_{t-1}|\mathbf{x}_t,\mathbf{x}_0)\|p_\theta(\mathbf{x}_{t-1}|\mathbf{x}_t))}_{L_{t-1}} \underbrace{- \log p_\theta(\mathbf{x}_0|\mathbf{x}_1)}_{L_0} \Bigg] \qquad (2.3)
$$

L_T については、$p(\mathbf{x}_T)$ がパラメータのない固定の正規分布であるので無視できる。

L_0 については、最後の逆拡散過程を各次元ごとに独立な正規分布だとみなして、各値を -1 から 1 の k 個（例えば 255）に離散化した値での対数尤度を計算し評価する。

$$
p_\theta(\mathbf{x}_0|\mathbf{x}_1) = \prod_{i=1}^{d} \int_{\sigma_-(x_0^i)}^{\sigma_+(x_0^i)} \mathcal{N}(x; \mu_\theta^i(\mathbf{x}_1,1), \sigma_1^2) \mathrm{d}x
$$

$$
\sigma_+(x) = x + \frac{1}{k}
$$

$$
\sigma_-(x) = x - \frac{1}{k}
$$

L_{t-1} について以下で求めていく。

はじめに $q(\mathbf{x}_{t-1}|\mathbf{x}_t,\mathbf{x}_0)$ が、次のように解析的に求められることを示す。

$$
q(\mathbf{x}_{t-1}|\mathbf{x}_t,\mathbf{x}_0) = \mathcal{N}(\mathbf{x}_{t-1}; \tilde{\mu}_t(\mathbf{x}_t,\mathbf{x}_0), \tilde{\beta}_t \mathbf{I})
$$

$$
\tilde{\mu}_t(\mathbf{x}_t,\mathbf{x}_0) := \frac{\sqrt{\bar{\alpha}_{t-1}}\beta_t}{\bar{\beta}_t} \mathbf{x}_0 + \frac{\sqrt{\alpha_t}\bar{\beta}_{t-1}}{\bar{\beta}_t} \mathbf{x}_t \qquad (2.4)
$$

$$
\tilde{\beta}_t := \frac{\bar{\beta}_{t-1}}{\bar{\beta}_t} \beta_t
$$

証明に入る前に、この事後確率 $q(\mathbf{x}_{t-1}|\mathbf{x}_t,\mathbf{x}_0)$ の直観的な意味について述べておこう。この式は、$\mathbf{x}_t$ をデノイジングした結果が $\mathbf{x}_0$ だとわかっている場合に（正確には拡散過程で $\mathbf{x}_0$ にノイズを加えていって $\mathbf{x}_1, \mathbf{x}_2, \ldots, \mathbf{x}_t$ が得られている）、$\mathbf{x}_t$ の 1 つ前の時刻のサンプルの平均 $\tilde{\mu}_t(\mathbf{x}_t,\mathbf{x}_0)$ は、$\mathbf{x}_0$ と $\mathbf{x}_t$ の内分点

のような位置(実際には内分点ではなく、それよりは原点側に少し寄っている)
として表される、ということを示している。またその分散は t が小さければ小
さい値を、大きければ大きい値をとる。

式(2.4) $q(\mathbf{x}_{t-1}|\mathbf{x}_t, \mathbf{x}_0)$ の証明

証明

$$q(\mathbf{x}_{t-1}|\mathbf{x}_t, \mathbf{x}_0) \propto q(\mathbf{x}_{t-1}, \mathbf{x}_t|\mathbf{x}_0) \quad (\text{ベイズの定理より})$$
$$= q(\mathbf{x}_t|\mathbf{x}_{t-1}, \mathbf{x}_0)q(\mathbf{x}_{t-1}|\mathbf{x}_0)$$
$$= q(\mathbf{x}_t|\mathbf{x}_{t-1})q(\mathbf{x}_{t-1}|\mathbf{x}_0)$$
$$(q \text{ はマルコフ過程であるため } q(\mathbf{x}_t|\mathbf{x}_{t-1}, \mathbf{x}_0) = q(\mathbf{x}_t|\mathbf{x}_{t-1}))$$

この式は $q(\mathbf{x}_{t-1}|\mathbf{x}_0)$ を事前確率、$q(\mathbf{x}_t|\mathbf{x}_{t-1})$ を尤度とした時、$\mathbf{x}_t$ を観測し
た場合の $\mathbf{x}_{t-1}$ の事後確率分布 $q(\mathbf{x}_{t-1}|\mathbf{x}_t, \mathbf{x}_0)$ を求める式とみなすことができ
る。

一般に事前分布が $p(x) = \mathcal{N}(\mu_A, \sigma_A^2)$、尤度が条件に対し線形の正規分布
$p(y|x) = \mathcal{N}(ax, \sigma_B^2)$ で表される場合、その事後確率 $p(x|y)$ は、

$$p(x|y) = \mathcal{N}(\tilde{\mu}, \tilde{\sigma}^2)$$
$$\frac{1}{\tilde{\sigma}^2} = \frac{1}{\sigma_A^2} + \frac{a^2}{\sigma_B^2}$$
$$\tilde{\mu} = \tilde{\sigma}^2 \left(\frac{\mu_A}{\sigma_A^2} + \frac{ay}{\sigma_B^2} \right)$$

で表される(付録 A.1 節参照)。

この式に DDPM における事前確率 $q(\mathbf{x}_{t-1}|\mathbf{x}_0) = \mathcal{N}(\sqrt{\bar{\alpha}_{t-1}}\mathbf{x}_0, \bar{\beta}_{t-1}\mathbf{I})$、尤
度 $q(\mathbf{x}_t|\mathbf{x}_{t-1}) = \mathcal{N}(\sqrt{\alpha_t}\mathbf{x}_{t-1}, \beta_t\mathbf{I})$ を代入すると

$$\mu_A = \sqrt{\bar{\alpha}_{t-1}}\mathbf{x}_0, \quad \sigma_A^2 = \bar{\beta}_{t-1}, \quad a = \sqrt{\alpha_t}, \quad ay = \sqrt{\alpha_t}\mathbf{x}_t, \quad \sigma_B^2 = \beta_t$$

であるから、分散は次のように求められる。

$$\frac{1}{\tilde{\sigma}^2} = \frac{1}{\sigma_A^2} + \frac{a^2}{\sigma_B^2}$$

$$= \frac{1}{\bar{\beta}_{t-1}} + \frac{\alpha_t}{\beta_t}$$

$$= \frac{\beta_t + \alpha_t \bar{\beta}_{t-1}}{\bar{\beta}_{t-1} \beta_t}$$

$$= \frac{1 - \alpha_t + \alpha_t (1 - \bar{\alpha}_{t-1})}{\bar{\beta}_{t-1} \beta_t}$$

$$= \frac{\bar{\beta}_t}{\bar{\beta}_{t-1} \beta_t}$$

また、平均は次のように求められる。

$$\tilde{\mu} = \tilde{\sigma}^2 \left(\frac{\mu_{\mathrm{A}}}{\sigma_{\mathrm{A}}^2} + \frac{ay}{\sigma_{\mathrm{B}}^2} \right)$$

$$= \frac{\bar{\beta}_{t-1} \beta_t}{\bar{\beta}_t} \left(\frac{\sqrt{\bar{\alpha}_{t-1}} \mathbf{x}_0}{\bar{\beta}_{t-1}} + \frac{\sqrt{\alpha_t} \mathbf{x}_t}{\beta_t} \right)$$

$$= \frac{\sqrt{\bar{\alpha}_{t-1}} \beta_t}{\bar{\beta}_t} \mathbf{x}_0 + \frac{\sqrt{\alpha_t} \bar{\beta}_{t-1}}{\bar{\beta}_t} \mathbf{x}_t$$

よって、$q(\mathbf{x}_{t-1}|\mathbf{x}_t, \mathbf{x}_0)$ は平均が $\tilde{\mu}_t(\mathbf{x}_t, \mathbf{x}_0) := \dfrac{\sqrt{\bar{\alpha}_{t-1}} \beta_t}{\bar{\beta}_t} \mathbf{x}_0 + \dfrac{\sqrt{\alpha_t} \bar{\beta}_{t-1}}{\bar{\beta}_t} \mathbf{x}_t$、分散が $\tilde{\beta}_t := \dfrac{\bar{\beta}_{t-1} \beta_t}{\bar{\beta}_t}$ の正規分布 $\mathcal{N}(\mathbf{x}_{t-1}; \tilde{\mu}_t(\mathbf{x}_t, \mathbf{x}_0), \tilde{\beta}_t \mathbf{I})$ で表されることが示された。(証明終)

　ここまで、$q(\mathbf{x}_{t-1}|\mathbf{x}_t, \mathbf{x}_0)$ を求めてきたが、$\mathbf{x}_0$ で条件付けしない $q(\mathbf{x}_{t-1}|\mathbf{x}_t)$ はなぜ求められないかを説明しておく。上の証明と同じように式変形した場合、$q(\mathbf{x}_t|\mathbf{x}_{t-1})q(\mathbf{x}_{t-1}|\mathbf{x}_0)$ の代わりに $q(\mathbf{x}_t|\mathbf{x}_{t-1})q(\mathbf{x}_{t-1})$ が得られるが、この周辺尤度 $q(\mathbf{x}_{t-1}) = \int q(\mathbf{x}_{t-1}|\mathbf{x}_0)q(\mathbf{x}_0)\mathrm{d}\mathbf{x}_0$ は、データ分布全体を攪乱した後の結果であり、解析的に求めることができない。デノイジングした最終目標 $\mathbf{x}_0$ を条件に与えられることで、拡散過程の事後確率分布を解析的に求めることができる。

2.3.3　DDPM からデノイジングスコアマッチングへ

逆拡散過程(生成過程)に使うモデルは次の形をしていた。

$$p_\theta(\mathbf{x}_{t-1}|\mathbf{x}_t) := \mathcal{N}(\mathbf{x}_{t-1}; \mu_\theta(\mathbf{x}_t, t), \mathbf{\Sigma}_\theta(\mathbf{x}_t, t))$$

この共分散行列は、パラメータ θ に依存しない固定の $\mathbf{\Sigma}_\theta(\mathbf{x}_t, t) = \sigma_t^2 \mathbf{I}$ を使う ことが多く、$\sigma_t^2 = \beta_t$ または $\sigma_t^2 = \tilde{\beta}_t = \dfrac{1 - \bar{\alpha}_{t-1}}{\bar{\beta}_t} \beta_t$ のどちらを使っても同様の 結果が得られる。前者は $\mathbf{x}_0 \sim \mathcal{N}(\mathbf{0}, \mathbf{I})$ の場合における最適値であり、後者は $\mathbf{x}_0$ が 1 点に決定的にセットされる場合の最適値である。以下では、逆拡散過 程として固定の分散を使った $p_\theta(\mathbf{x}_{t-1}|\mathbf{x}_t) := \mathcal{N}(\mathbf{x}_{t-1}; \mu_\theta(\mathbf{x}_t, t), \sigma_t^2 \mathbf{I})$ を考える。

目的関数の L_{t-1} の部分である拡散過程と逆拡散過程間の KL ダイバージェ ンスを求めよう。正規分布間の KL ダイバージェンスは

$$D_{\mathrm{KL}}(\mathcal{N}(\mu_a, \Sigma_a) \| \mathcal{N}(\mu_b, \Sigma_b))$$
$$= \frac{1}{2} \left[\log \frac{|\Sigma_b|}{|\Sigma_a|} - d + \mathrm{tr}(\Sigma_b^{-1} \Sigma_a) + (\mu_b - \mu_a)^\mathsf{T} \Sigma_b^{-1} (\mu_b - \mu_a) \right]$$

と求められることから、

$$D_{\mathrm{KL}}(q(\mathbf{x}_{t-1}|\mathbf{x}_t, \mathbf{x}_0) \| p_\theta(\mathbf{x}_{t-1}|\mathbf{x}_t))$$
$$= D_{\mathrm{KL}}(\mathcal{N}(\mathbf{x}_{t-1}; \tilde{\mu}_t(\mathbf{x}_t, \mathbf{x}_0), \tilde{\beta}_t \mathbf{I}) \| \mathcal{N}(\mathbf{x}_{t-1}; \mu_\theta(\mathbf{x}_t, t), \sigma_t^2 \mathbf{I}))$$
$$= \frac{1}{2} \left[\log \frac{|\sigma_t^2 \mathbf{I}|}{|\tilde{\beta}_t \mathbf{I}|} - d + \mathrm{tr}((\sigma_t^2 \mathbf{I})^{-1} \tilde{\beta}_t \mathbf{I}) + (\mu_\theta - \tilde{\mu}_t)^\mathsf{T} (\sigma_t^2 \mathbf{I})^{-1} (\mu_\theta - \tilde{\mu}_t) \right]$$
$$\qquad (\text{ここでは } \mu_\theta, \tilde{\mu}_t \text{ の引数は見やすさのため省略している})$$
$$= \frac{1}{2\sigma_t^2} \| \mu_\theta - \tilde{\mu}_t \|^2 + C$$

ただし、C は θ に依存しない定数である。

まとめると、目的関数の第 2 項 (L_{t-1}) は次のように表される。

$$L_{t-1} = \mathbb{E}_q \left[D_{\mathrm{KL}}(q(\mathbf{x}_{t-1}|\mathbf{x}_t, \mathbf{x}_0) \| p_\theta(\mathbf{x}_{t-1}|\mathbf{x}_t)) \right]$$
$$= \mathbb{E}_q \left[\frac{1}{2\sigma_t^2} \| \tilde{\mu}_t(\mathbf{x}_t, \mathbf{x}_0) - \mu_\theta(\mathbf{x}_t, t) \|^2 \right] + C$$

(以降の式変形での見やすさのため、$\tilde{\mu}_t$ と μ_θ の順を逆にしている)

この目的関数は、拡散過程による事後確率分布の平均 $\tilde{\mu}_t(\mathbf{x}_t, \mathbf{x}_0)$ を、逆拡散過程の平均 $\mu_\theta(\mathbf{x}_t, t)$ が推定する形となっている。そこで、この 2 つの平均の関数形が同じ形になっていると扱いやすい。

まず、拡散過程の平均 $\tilde{\mu}_t(\mathbf{x}_t, \mathbf{x}_0)$ がどのような形になっているのかを調べる。$\tilde{\mu}_t(\mathbf{x}_t, \mathbf{x}_0)$ 中の $\mathbf{x}_t$ は、

$$q(\mathbf{x}_t|\mathbf{x}_0) = \mathcal{N}(\mathbf{x}_t; \sqrt{\bar{\alpha}_t}\mathbf{x}_0, \bar{\beta}_t\mathbf{I})$$

で期待値をとることから、$\mathbf{x}_t$ は $\mathbf{x}_0$ とノイズ ϵ を使って

$$\mathbf{x}_t(\mathbf{x}_0, \epsilon) = \sqrt{\bar{\alpha}_t}\mathbf{x}_0 + \sqrt{\bar{\beta}_t}\,\epsilon, \quad \epsilon \sim \mathcal{N}(\mathbf{0}, \mathbf{I}) \tag{2.5}$$

と表すことができる。

この式を変形することで、ノイズが加えられたサンプル $\mathbf{x}_t(\mathbf{x}_0, \epsilon)$ から、それをデノイジングした結果 $\mathbf{x}_0$ は次のように求められる。

$$\mathbf{x}_0 = \frac{1}{\sqrt{\bar{\alpha}_t}}(\mathbf{x}_t(\mathbf{x}_0, \epsilon) - \sqrt{\bar{\beta}_t}\,\epsilon) \tag{2.6}$$

これらをふまえて拡散過程の平均 $\tilde{\mu}_t(\mathbf{x}_t, \mathbf{x}_0)$ を展開すると

$$\tilde{\mu}_t(\mathbf{x}_t, \mathbf{x}_0)$$
$$= \tilde{\mu}_t(\mathbf{x}_t(\mathbf{x}_0, \epsilon), \frac{1}{\sqrt{\bar{\alpha}_t}}(\mathbf{x}_t(\mathbf{x}_0, \epsilon) - \sqrt{\bar{\beta}_t}\,\epsilon)) \quad (\text{式}(2.6)\text{より})$$
$$= \frac{\sqrt{\bar{\alpha}_{t-1}}\beta_t}{\bar{\beta}_t}\frac{1}{\sqrt{\bar{\alpha}_t}}(\mathbf{x}_t(\mathbf{x}_0, \epsilon) - \sqrt{\bar{\beta}_t}\,\epsilon) + \frac{\sqrt{\alpha_t}\bar{\beta}_{t-1}}{\bar{\beta}_t}\mathbf{x}_t(\mathbf{x}_0, \epsilon) \quad (\text{式}(2.4)\text{より})$$

ここで $\dfrac{\sqrt{\bar{\alpha}_{t-1}}}{\sqrt{\bar{\alpha}_t}} = \dfrac{1}{\sqrt{\alpha_t}}$ を使って整理すると

$$= \left(\frac{\beta_t}{\bar{\beta}_t}\frac{1}{\sqrt{\alpha_t}} + \frac{\sqrt{\alpha_t}\bar{\beta}_{t-1}}{\bar{\beta}_t}\right)\mathbf{x}_t(\mathbf{x}_0, \epsilon) - \left(\frac{\beta_t}{\bar{\beta}_t}\frac{1}{\sqrt{\alpha_t}}\sqrt{\bar{\beta}_t}\right)\epsilon$$
$$= \left(\frac{\beta_t + \alpha_t\bar{\beta}_{t-1}}{\bar{\beta}_t\sqrt{\alpha_t}}\right)\mathbf{x}_t(\mathbf{x}_0, \epsilon) - \left(\frac{\beta_t}{\sqrt{\bar{\beta}_t}\sqrt{\alpha_t}}\right)\epsilon$$

$\beta_t + \alpha_t\bar{\beta}_{t-1} = (1-\alpha_t) + \alpha_t(1-\bar{\alpha}_{t-1}) = 1 - \bar{\alpha}_t = \bar{\beta}_t$ より

$$= \frac{1}{\sqrt{\alpha_t}} \left(\mathbf{x}_t(\mathbf{x}_0, \epsilon) - \frac{\beta_t}{\sqrt{\bar{\beta}_t}} \epsilon \right)$$

と表される。

次に、逆拡散過程の平均である $\mu_\theta(\mathbf{x}_t, t)$ をどのように設計するかについて説明する。拡散過程の平均 $\tilde{\mu}_t(\mathbf{x}_t, \mathbf{x}_0)$ は $\mathbf{x}_t$ をデノイジングしているような形で表されていたので、逆拡散過程の平均 $\mu_\theta(\mathbf{x}_t, t)$ も $\mathbf{x}_t$ をデノイジングして $\mathbf{x}_0$ を推定し、それらを使って拡散過程の事後確率分布の式で平均を求めることを考える。

逆拡散過程で加えられたノイズやデノイジングされた結果は不明なので(拡散過程では与えられていた)、現在のサンプル $\mathbf{x}_t$ と時刻 t から加えられたであろうノイズを推定するモデル $\epsilon_\theta(\mathbf{x}_t, t)$ を用意する。

このノイズを使ってデノイジングして得られた $\tilde{\mathbf{x}}_0$ は式 (2.6) より、次のように与えられる。

$$\tilde{\mathbf{x}}_0 = \frac{1}{\sqrt{\bar{\alpha}_t}} (\mathbf{x}_t - \sqrt{\bar{\beta}_t}\, \epsilon_\theta(\mathbf{x}_t, t))$$

入力 $\mathbf{x}_t$ と推定された $\tilde{\mathbf{x}}_0$ を使って、式 (2.4) で平均を求めると、拡散過程の場合と同じ式変形を経て、次の式が得られる。

$$\begin{aligned}
\mu_\theta(\mathbf{x}_t, t) &:= \tilde{\mu}_t(\mathbf{x}_t, \tilde{\mathbf{x}}_0) \\
&= \tilde{\mu}_t(\mathbf{x}_t, \frac{1}{\sqrt{\bar{\alpha}_t}} (\mathbf{x}_t - \sqrt{\bar{\beta}_t}\, \epsilon_\theta(\mathbf{x}_t, t))) \\
&= \frac{1}{\sqrt{\alpha_t}} \left(\mathbf{x}_t - \frac{\beta_t}{\sqrt{\bar{\beta}_t}} \epsilon_\theta(\mathbf{x}_t, t) \right)
\end{aligned} \tag{2.7}$$

つまり、ノイズが加わったデータ $\mathbf{x}_t$ が与えられた時、その時に加わったノイズ ϵ を予測するモデルで表すこととなる。

これらをまとめて得られる最終的な目的関数は

$$L_{t-1} - C$$

$$= \mathbb{E}_{\mathbf{x}_0, \epsilon} \left[\frac{1}{2\sigma_t^2} \| \tilde{\mu}_t(\mathbf{x}_t, \mathbf{x}_0) - \mu_\theta(\mathbf{x}_t, t) \|^2 \right]$$

$$= \mathbb{E}_{\mathbf{x}_0, \epsilon} \left[\frac{1}{2\sigma_t^2} \left\| \frac{1}{\sqrt{\alpha_t}} \left(\mathbf{x}_t - \frac{\beta_t}{\sqrt{\bar{\beta}_t}} \epsilon \right) - \frac{1}{\sqrt{\alpha_t}} \left(\mathbf{x}_t - \frac{\beta_t}{\sqrt{\bar{\beta}_t}} \epsilon_\theta(\mathbf{x}_t, t) \right) \right\|^2 \right]$$

$$= \mathbb{E}_{\mathbf{x}_0, \epsilon} \left[\frac{\beta_t^2}{2\sigma_t^2 \alpha_t \bar{\beta}_t} \left\| \epsilon - \epsilon_\theta(\mathbf{x}_t, t) \right\|^2 \right]$$

$$= \mathbb{E}_{\mathbf{x}_0, \epsilon} \left[\frac{\beta_t^2}{2\sigma_t^2 \alpha_t \bar{\beta}_t} \left\| \epsilon - \epsilon_\theta(\sqrt{\bar{\alpha}_t} \mathbf{x}_0 + \sqrt{\bar{\beta}_t} \epsilon, t) \right\|^2 \right]$$

と表される。ただし、$\mathbf{x}_t = \sqrt{\bar{\alpha}_t} \mathbf{x}_0 + \sqrt{\bar{\beta}_t} \epsilon$ であり、最後の行は目的関数が $\mathbf{x}_0$ と ϵ のみで表されることを示すために改めて書き直した。

このように、DDPM の学習は、データ $\mathbf{x}_0$ にノイズを加え $\mathbf{x}_t$ を得て、次にノイズが加えられたデータからノイズを推定する、というタスクを解くことで実現される。

この目的関数は SBM の目的関数と同じ形をしており、各時刻 t の重み w_t だけが異なる。つまり DDPM の変分下限から導出された目的関数は、異なるノイズレベルでデノイジングスコアマッチングにより生成された SBM の目的関数と一致し、これら 2 つは同じ枠組みでとらえることができる。

$$L_\gamma(\theta) = \sum_{t=1}^{T} w_t \mathbb{E}_{\mathbf{x}_0, \epsilon} \left[\left\| \epsilon - \epsilon_\theta(\sqrt{\bar{\alpha}_t} \mathbf{x}_0 + \sqrt{\bar{\beta}_t} \epsilon, t) \right\|^2 \right]$$

$$\gamma = [w_1, w_2, \ldots, w_T]$$

次節で、各時刻の重み w_t はどのように設定したとしても、目的関数の最適解は一致することをみていく。一方、重みの設定次第で学習のしやすさや推定結果の品質は異なり、様々な重み付け手法が提案されている。例えば、DDPM の論文ではすべて t について $w_t = 1$ を使って学習する。

DDPM の学習を、以下のようにまとめる。

Algorithm 2.2：DDPM の学習

入力：$\gamma = [w_i]_{i=1, \ldots, T}$（時刻 t の重みパラメータ）

1：**repeat**

2： $\mathbf{x}_0 \sim p_{\mathrm{data}}(\mathbf{x}_0)$

3： $t \sim \mathrm{Uniform}(\{1, \ldots, T\})$

4： $\epsilon \sim \mathcal{N}(\mathbf{0}, \mathbf{I})$

5： $g := \nabla_\theta w_t \|\epsilon - \epsilon_\theta(\sqrt{\bar{\alpha}_t}\mathbf{x}_0 + \sqrt{\bar{\beta}_t}\epsilon, t)\|^2$

6： $\theta := \theta - \alpha g$ （勾配降下法でパラメータを更新）

7： **until** converged

2.3.4 DDPM を使ったデータ生成

拡散モデルのサンプリングについて紹介する。サンプリングは伝承サンプリングを使い、$p_\theta(\mathbf{x}_{t-1}|\mathbf{x}_t) := \mathcal{N}(\mathbf{x}_{t-1}; \mu_\theta(\mathbf{x}_t, t), \mathbf{\Sigma}_\theta(\mathbf{x}_t, t))$ に従ってサンプリングしていく。

これは変数変換をして、$\mu_\theta(\mathbf{x}_t, t) + \sigma_t \mathbf{u}_t, \mathbf{u}_t \sim \mathcal{N}(\mathbf{0}, \mathbf{I})$ とサンプリングできる。平均 μ は先の式(2.7)のように推定されたノイズを使って表される。

Algorithm 2.3：DDPM を使ったサンプリング

1： $\mathbf{x}_T \sim \mathcal{N}(\mathbf{0}, \mathbf{I})$

2： **for** $t = T, \ldots, 1$ **do**

3： $\mathbf{u}_t \sim \mathcal{N}(\mathbf{0}, \mathbf{I})$

4： **if** $t = 1$ **then** $\mathbf{u}_t := \mathbf{0}$

5： $\mathbf{x}_{t-1} := \dfrac{1}{\sqrt{\alpha_t}} \left(\mathbf{x}_t - \dfrac{\beta_t}{\sqrt{\bar{\beta}_t}} \epsilon_\theta(\mathbf{x}_t, t) \right) + \sigma_t \mathbf{u}_t$

6： **end for**

7： **return** $\mathbf{x}_0$

このサンプリングの第5ステップは SBM によるサンプリングと同じ形をしており、現在のサンプルにスコア(スコアと負のスケール化ノイズは一致することに注意)を加え、正規分布のノイズを加えて遷移する。

一方、DDPM のサンプリングは、逆拡散過程の $p_\theta(\mathbf{x}_{t-1}|\mathbf{x}_t) = \mathcal{N}(\mathbf{x}_{t-1}; \mu_\theta(\mathbf{x}_t, t), \sigma_t^2 \mathbf{I})$ からのサンプリングとして導出されているのに対し、SBM のサンプリングはスコアを使ったランジュバン・モンテカルロ法から導出されたものであることに注意されたい。

このように、DDPM は拡散過程から導出される潜在変数モデルである。学習は各時刻のノイズを推定するというタスクを解いて実現され、データ生成は時刻ごとにデノイジングを行って少しずつノイズを加えるという操作を繰り返して実現される。

実際のサンプリングでよく使われる DDIM については巻末の付録 A.5 節で説明する。

2.4　SBM と DDPM のシグナルノイズ比を使った統一的な枠組み

SBM と DDPM は導出過程こそ異なるものの、得られる目的関数とサンプリングは同じ形をしている。一方、SBM と DDPM で入力にノイズを加えていく過程は次のような違いがある。

（SBM）　　　　　　$\mathbf{x}_t = \mathbf{x}_{t-1} + \sigma_i \mathbf{z}_t$

（DDPM）　　　　　$\mathbf{x}_t = \sqrt{\alpha_t}\mathbf{x}_{t-1} + \sqrt{1-\alpha_t}\mathbf{z}_{t-1}$

　　　　　　　　　　（$\beta_t = 1 - \alpha_t$ であったことに注意）

SBM では入力はそのまま残り、ノイズのスケールだけが大きくなっていくのに対し、DDPM では入力を小さくし、その分ノイズを大きくしていくという違いがある。

2.4.1　SBM と DDPM の関係

SBM と DDPM がシグナルノイズ比（S/N 比）という概念を用いて統一的な枠組み [6] で表せることをみていく。

これまで時刻は離散的な値をとっていたが、ここからは時刻 $t=0$ から $t=1$ まで連続的な値をとり、$t=0$ から $t=1$ になるにつれてデータ $\mathbf{x}_0$ にノイズを徐々に加えていく過程を考える。時刻 $t=0$ のデータ $\mathbf{x}_0$ が元のデータであり、$t>0$ である $\mathbf{x}_t$ の場合が、ノイズが加えられたデータである。この場合の拡散過程として時刻 t の条件付きサンプル $\mathbf{x}_t$ は

$$q(\mathbf{x}_t|\mathbf{x}_0) = \mathcal{N}(\alpha_t\mathbf{x}_0, \sigma_t^2\mathbf{I}) \tag{2.8}$$

と表されるとする。ただし α_t, σ_t^2 は時刻 t を引数にとり、正のスカラー値を

とる関数である。また、時刻 t におけるシグナルノイズ比を次のように定義する。

$$\mathrm{SNR}(t) = \alpha_t^2 / \sigma_t^2$$

2 つの時刻 s, t において $s < t$ が成り立つ時、シグナルノイズ比 $\mathrm{SNR}(t)$ は $\mathrm{SNR}(s) > \mathrm{SNR}(t)$ を満たす、つまり、時間が経つとともにシグナルノイズ比は単調減少する関数であり、t が大きくなるとデータ中でシグナル（元のデータ）の割合は小さくなり、ノイズが支配的となる。

SBM は任意の t について $\alpha_t = 1$ であり、入力はそのまま保存され、ノイズだけが大きくなっていく過程である。この場合、分散は発散していくので、分散発散型拡散過程（Variance-Exploding Diffusion Process）とよぶ。

これに対し DDPM は、$\alpha_t = \sqrt{1 - \sigma_t^2}$ となる場合である。この場合、入力は徐々に消えていき、ノイズは徐々に一定の大きさまで増えていく。時間を経ても分散は一定に保たれる（1 に近づいていく）ので、分散保存型拡散過程（Variance-Preserving Diffusion Process）とよぶ。

このように、シグナルノイズ比を使った拡散過程は、SBM と DDPM を特殊系として含む。以下では、必要がある時以外は SBM と DDPM を特に区別せず、あわせて拡散モデルとよぶことにする。

任意の $0 \leq s < t \leq 1$ について $q(\mathbf{x}_t | \mathbf{x}_s)$ が正規分布とする。その平均と分散は次を満たすことを示す。これは DDPM における $q(\mathbf{x}_{t+1} | \mathbf{x}_t)$ の一般化である。

$$
\begin{aligned}
q(\mathbf{x}_t | \mathbf{x}_s) &= \mathcal{N}(\alpha_{t|s} \mathbf{x}_s, \sigma_{t|s}^2 \mathbf{I}) \\
\alpha_{t|s} &= \alpha_t / \alpha_s \\
\sigma_{t|s}^2 &= \sigma_t^2 - \alpha_{t|s}^2 \sigma_s^2
\end{aligned}
\tag{2.9}
$$

式 (2.9) $q(\mathbf{x}_t | \mathbf{x}_s)$ の平均と分散の証明

証明

$q(\mathbf{x}_t | \mathbf{x}_s)$ を正規分布とし、この正規分布を $q(\mathbf{x}_t | \mathbf{x}_s) = \mathcal{N}(\mu_{t|s} \mathbf{x}_0, \sigma_{t|s}^2 \mathbf{I})$ とおく。

$q(\mathbf{x}_s|\mathbf{x}_0)$ からのサンプル $\mathbf{x}_s$ は、式(2.8)の変数変換で次のように与えられる。

$$\mathbf{x}_s = \alpha_s \mathbf{x}_0 + \sigma_s \epsilon_s, \quad \epsilon_s \sim \mathcal{N}(\mathbf{0}, \mathbf{I}) \tag{2.10}$$

また、$q(\mathbf{x}_t|\mathbf{x}_s)$ からのサンプル $\mathbf{x}_t$ は

$$\mathbf{x}_t = \mu_{t|s} \mathbf{x}_s + \sigma_{t|s} \epsilon_{t|s}, \quad \epsilon_{t|s} \sim \mathcal{N}(\mathbf{0}, \mathbf{I}) \tag{2.11}$$

と与えられる。$q(\mathbf{x}_t|\mathbf{x}_0)$ を $\mathbf{x}_s$ 経由で求めた場合をみるために、式(2.11)に式(2.10)を代入すると

$$\mathbf{x}_t = \mu_{t|s}(\alpha_s \mathbf{x}_0 + \sigma_s \epsilon_s) + \sigma_{t|s} \epsilon_{t|s}$$
$$= \mu_{t|s} \alpha_s \mathbf{x}_0 + \mu_{t|s} \sigma_s \epsilon_s + \sigma_{t|s} \epsilon_{t|s}$$
$$= \mu_{t|s} \alpha_s \mathbf{x}_0 + \sqrt{\mu_{t|s}^2 \sigma_s^2 + \sigma_{t|s}^2} \epsilon_t$$

ここで最後の行では、正規分布の確率変数 $X \sim \mathcal{N}(\mathbf{0}, \mathbf{I})$ と $Y \sim \mathcal{N}(\mathbf{0}, \mathbf{I})$ の和 $aX + bY$ が正規分布 $\mathcal{N}(\mathbf{0}, a^2 + b^2)$ に従うことを利用した。

一方で $q(\mathbf{x}_t|\mathbf{x}_0)$ からのサンプル $\mathbf{x}_t$ は式(2.8)の変数変換より

$$\mathbf{x}_t = \alpha_t \mathbf{x}_0 + \sigma_t \epsilon_t, \quad \epsilon_t \sim \mathcal{N}(\mathbf{0}, \mathbf{I})$$

と表される。これらを比較すると、まず $\mathbf{x}_0$ の係数が等しいことから、$\mu_{t|s} = \alpha_t/\alpha_s$ が得られる。

次に、ϵ_t の係数が等しいことから、$\sigma_t^2 = \mu_{t|s}^2 \sigma_s^2 + \sigma_{t|s}^2$ より、

$$\sigma_{t|s}^2 = \sigma_t^2 - \mu_{t|s}^2 \sigma_s^2$$
$$= \sigma_t^2 - (\alpha_t/\alpha_s)^2 \sigma_s^2$$

が得られる。

よって $q(\mathbf{x}_t|\mathbf{x}_s)$ は $\mathcal{N}(\alpha_t/\alpha_s, \sigma_t^2 - (\alpha_t/\alpha_s)^2 \sigma_s^2)$ と等しく、式(2.9)が示された。(証明終)

また、任意の3つの潜在変数 $(\mathbf{x}_s, \mathbf{x}_t, \mathbf{x}_u)$, $0 \le s < t < u \le 1$ についてマルコフ性が成り立ち、$q(\mathbf{x}_u|\mathbf{x}_t, \mathbf{x}_s) = q(\mathbf{x}_u|\mathbf{x}_t)$ を満たす。$q(\mathbf{x}_s|\mathbf{x}_t, \mathbf{x}_0)$ は事前分布が正規分布で尤度が線形の正規分布である場合の事後確率分布の公式(付録A.1節参照)を使って、次のように記述できる。

$$q(\mathbf{x}_s | \mathbf{x}_t, \mathbf{x}_0) = \mathcal{N}(\tilde{\mu}(s,t), \tilde{\sigma}(s,t)^2 \mathbf{I})$$

$$\frac{1}{\tilde{\sigma}(s,t)^2} = \frac{1}{\sigma_s^2} + \frac{\alpha_{t|s}^2}{\sigma_{t|s}^2} = \sigma_{t|s}^2 \frac{\sigma_s^2}{\sigma_t^2} \qquad (2.12)$$

$$\tilde{\mu}(s,t) = \frac{\alpha_{t|s}\sigma_s^2}{\sigma_t^2}\mathbf{x}_t + \frac{\alpha_s \sigma_{t|s}^2}{\sigma_t^2}\mathbf{x}_0$$

この証明は拡散モデルの事後確率 $q(\mathbf{x}_{t-1}|\mathbf{x}_t, \mathbf{x}_0)$ の証明と同じなので、ここでは省略する。

次に、生成過程である逆拡散過程 $p(\mathbf{x}_s|\mathbf{x}_t)$, $s < t$ を考える。逆拡散過程は時刻が $t=1$ から $t=0$ に向けて進んでいく。DDPM の場合と同様に、ノイズが加えられたデータ $\mathbf{x}_t$ をデノイジングして元のデータを推定し、これらを使った拡散過程の事後確率分布の関数形を使って生成過程のモデルを定義する。

$$p(\mathbf{x}_s|\mathbf{x}_t) := q(\mathbf{x}_s|\mathbf{x}_t, \mathbf{x}_0 = \hat{\mathbf{x}}_\theta(\mathbf{x}_t; t)) \qquad (2.13)$$

DDPM の場合と同様に $\hat{\mathbf{x}}_\theta$ はノイズを予測し、それを使ってデノイジングするモデルとする。$q(\mathbf{x}_t|\mathbf{x}_0)$ からのサンプルは

$$\mathbf{x}_t = \alpha_t \mathbf{x}_0 + \sigma_t \epsilon_t, \quad \epsilon_t \sim \mathcal{N}(\mathbf{0}, \mathbf{I})$$

と表されるので、

$$\mathbf{x}_0 = (\mathbf{x}_t - \sigma_t \epsilon_t)/\alpha_t$$

である。この実際に加えられたノイズを、推定したノイズに置き換えて、デノイジングされたサンプルを推定する。

$$\hat{\mathbf{x}}_\theta(\mathbf{x}_t; t) = (\mathbf{x}_t - \sigma_t \hat{\epsilon}_\theta(\mathbf{x}_t; t))/\alpha_t$$

この式を式 (2.13) に代入すると、逆拡散過程は

$$p(\mathbf{x}_s|\mathbf{x}_t) = \mathcal{N}(\mathbf{x}_s; \mu_\theta(\mathbf{x}_t, s, t), \tilde{\sigma}(s,t)^2 \mathbf{I})$$

と表される。この $\tilde{\sigma}(s,t)$ は式 (2.12) の $\tilde{\sigma}(s,t)$ と同じである。

平均 $\mu_\theta(\mathbf{x}_t, s, t)$ は次の 3 つの形で表される。

$$\mu_\theta(\mathbf{x}_t, s, t) = \frac{\alpha_{t|s}\sigma_s^2}{\sigma_t^2}\mathbf{x}_t + \frac{\alpha_s\sigma_{t|s}^2}{\sigma_t^2}\hat{\mathbf{x}}_\theta(\mathbf{x}_t; t) \tag{2.14}$$

$$= \frac{1}{\alpha_{t|s}}\mathbf{x}_t - \frac{\sigma_{t|s}^2}{\alpha_{t|s}\sigma_t}\hat{\epsilon}_\theta(\mathbf{x}_t; t) \tag{2.15}$$

$$= \frac{1}{\alpha_{t|s}}\mathbf{x}_t + \frac{\sigma_{t|s}^2}{\alpha_{t|s}}\mathbf{s}_\theta(\mathbf{x}_t; t) \tag{2.16}$$

ただし、

$$\hat{\epsilon}_\theta(\mathbf{x}_t; t) = (\mathbf{x}_t - \alpha_t\hat{\mathbf{x}}_\theta(\mathbf{x}_t; t))/\sigma_t \quad (\text{推定されたノイズ})$$

$$\mathbf{s}_\theta(\mathbf{x}_t; t) = (\alpha_t\hat{\mathbf{x}}_\theta(\mathbf{x}_t; t) - \mathbf{x}_t)/\sigma_t^2 \quad (\text{推定されたスコア})$$

である。

この平均の3つの式が表すように、拡散過程による生成過程(逆拡散過程)には3つの見方ができる。

1つ目の見方は、式(2.14)のように、デノイジングした$\hat{\mathbf{x}}$を推定し、それを現在の推定結果に徐々に加えていく過程である。

2つ目の見方は、式(2.15)のように、ノイズ$\hat{\epsilon}$を推定し、それを現在の推定結果から除去していく過程である。

3つ目の見方は、式(2.16)のように、スコア$\mathbf{s}_\theta(\mathbf{x}_t; t)$を推定し、現在のサンプルをスコアに従って更新していく過程である。

以下の拡散モデルの学習の目的関数の導出では、式(2.14)のデノイジングした結果を加えていく定式化を利用していく。一方で、スコアベースモデルや次章で扱う確率微分方程式では、式(2.16)のようにスコアに従って更新していく見方をとる。

目的関数はシグナルノイズ比によって表される

拡散モデルを、DDPMと同様に、尤度の変分下限を使って最尤推定していくことを考える。また、拡散過程としては分散保存型拡散過程を考える。ただし、2.4.3項でノイズスケジュールの違いによって学習結果は変わらないことを示すので、分散保存型拡散過程の結果から分散発散型拡散過程の結果も得られる。

拡散モデルは連続時間上で定義されているが、学習・生成の際は計算機で扱えるように、有限のステップ数 T を経て生成する場合を考える。時間をステップ幅 $\tau = 1/T$ の T 個のセグメントに分割し、それらの開始時刻と終了時刻を $s(i) = (i-1)/T$, $t(i) = i/T$ と定義する。この時、生成モデルの尤度は、

$$p(\mathbf{x}) = \int_{\mathbf{x}_{s(0)}, \mathbf{x}_{s(1)}, \dots} p(\mathbf{x}_1) p(\mathbf{x}|\mathbf{x}_0) \prod_{i=1}^{T} p(\mathbf{x}_{s(i)}|\mathbf{x}_{t(i)})$$

と定義される。ここでは、逆拡散過程の最終ステップのサンプル $\mathbf{x}_0$ と、尤度を評価する対象の $\mathbf{x}$ は別の変数で表していることに注意されたい。

また、分散保存型拡散過程では、拡散過程の最終時刻の潜在変数はノイズが支配的となり、任意の $\mathbf{x}_0$ について $q(\mathbf{x}_1|\mathbf{x}_0) \approx \mathcal{N}(\mathbf{0}, \mathbf{I})$ が成り立つ。そのため $\mathbf{x}_1$ の周辺分布 $p(\mathbf{x}_1)$ もノイズからのサンプルとみなすことができる。

$$p(\mathbf{x}_1) = \mathcal{N}(\mathbf{0}, \mathbf{I})$$

x_i, $x_{0,i}$ を $\mathbf{x}$, $\mathbf{x}_0$ の i 番目の成分とし、$p(\mathbf{x}|\mathbf{x}_0) = \prod_i p(x_i|x_{0,i})$ のように、成分ごとに独立に生成されると考える。

この時の(負の)変分下限は、DDPM と同様に次のように与えられる。

$$-\log p(\mathbf{x}) \leq D_{\mathrm{KL}}(q(\mathbf{x}_1|\mathbf{x})\|p(\mathbf{x}_1)) + \mathbb{E}_{q(\mathbf{x}_0|\mathbf{x})}[-\log p(\mathbf{x}|\mathbf{x}_0)] + \mathcal{L}_T(\mathbf{x})$$

ここで $\mathcal{L}_T$ は

$$\mathcal{L}_T(\mathbf{x}) = \sum_{i=1}^{T} \mathbb{E}_{q(\mathbf{x}_{t(i)}|\mathbf{x})} D_{\mathrm{KL}}[q(\mathbf{x}_{s(i)}|\mathbf{x}_{t(i)}, \mathbf{x})\|p(\mathbf{x}_{s(i)}|\mathbf{x}_{t(i)})]$$

と表される。この $D_{\mathrm{KL}}[q(\mathbf{x}_{s(i)}|\mathbf{x}_{t(i)}, \mathbf{x})\|p(\mathbf{x}_{s(i)}|\mathbf{x}_{t(i)})]$ を求めていく。

拡散過程 $q(\mathbf{x}_s|\mathbf{x}_t, \mathbf{x})$ は式(2.12)である。以後の式を導出しやすいように再掲する。

$$q(\mathbf{x}_s|\mathbf{x}_t, \mathbf{x}) = \mathcal{N}(\mu_Q(\mathbf{x}_t, \mathbf{x}, s, t), \sigma_Q(s, t)^2 \mathbf{I})$$

$$\frac{1}{\sigma_Q(s,t)^2} = \frac{1}{\sigma_s^2} + \frac{\alpha_{t|s}^2}{\sigma_{t|s}^2} = \sigma_{t|s}^2 \frac{\sigma_s^2}{\sigma_t^2} \tag{2.17}$$

$$\mu_Q(\mathbf{x}_t, \mathbf{x}, s, t) = \frac{\alpha_{t|s}\sigma_s^2}{\sigma_t^2} \mathbf{x}_t + \frac{\alpha_s \sigma_{t|s}^2}{\sigma_t^2} \mathbf{x}$$

また、逆拡散過程 $p(\mathbf{x}_s|\mathbf{x}_t)$ は、デノイジングした結果 $\hat{\mathbf{x}}_\theta(\mathbf{x}_t; t)$ を使って次

のように書ける。

$$p(\mathbf{x}_s|\mathbf{x}_t) = \mathcal{N}(\mathbf{x}_s; \mu_\theta(\mathbf{x}_t, s, t), \sigma_Q(s, t)^2 \mathbf{I})$$

$$\mu_\theta(\mathbf{x}_t, s, t) = \frac{\alpha_{t|s} \sigma_s^2}{\sigma_t^2} \mathbf{x}_t + \frac{\alpha_s \sigma_{t|s}^2}{\sigma_t^2} \hat{\mathbf{x}}_\theta(\mathbf{x}_t; t)$$

これら 2 つを使って KL ダイバージェンスを求めると、

$$
\begin{aligned}
D_{\mathrm{KL}}&[q(\mathbf{z}_s|\mathbf{z}_t, \mathbf{x}_0)\|p(\mathbf{z}_s|\mathbf{x}_t)] \\
&= \frac{1}{2\sigma_Q(s, t)^2} \|\mu_Q - \mu_\theta\|^2 \\
&= \frac{\sigma_t^2}{2\sigma_{t|s}^2 \sigma_s^2} \frac{\alpha_s^2 \sigma_{t|s}^4}{\sigma_t^4} \|\mathbf{x} - \hat{\mathbf{x}}_\theta(\mathbf{x}_t; t)\|^2 \\
&= \frac{\alpha_s^2 \sigma_{t|s}^2}{2\sigma_s^2 \sigma_t^2} \|\mathbf{x} - \hat{\mathbf{x}}_\theta(\mathbf{x}_t; t)\|^2 \\
&= \frac{\alpha_s(\sigma_t^2 - \alpha_{t|s}^2 \sigma_s^2)^2}{2\sigma_s^2 \sigma_t^2} \|\mathbf{x} - \hat{\mathbf{x}}_\theta(\mathbf{x}_t; t)\|^2 \\
&= \frac{1}{2} \left(\frac{\alpha_s^2}{\sigma_s^2} - \frac{\alpha_t^2}{\sigma_t^2} \right) \|\mathbf{x} - \hat{\mathbf{x}}_\theta(\mathbf{x}_t; t)\|^2 \\
&= \frac{1}{2} (\mathrm{SNR}(s) - \mathrm{SNR}(t)) \|\mathbf{x} - \hat{\mathbf{x}}_\theta(\mathbf{x}_t; t)\|^2
\end{aligned}
$$

となる。確率分布 $q(\mathbf{x}_t|\mathbf{x})$ からのサンプリングは、変数変換によって $\mathbf{x}_t = \alpha_t \mathbf{x} + \sigma_t \epsilon$ と与えられるので、t と ϵ さえ決まれば決定できる。目的関数全体は、次のように与えられる。

$$\mathcal{L}_T(\mathbf{x}) = \frac{T}{2} \mathbb{E}_{\epsilon \sim \mathcal{N}(\mathbf{0}, \mathbf{I}), i \sim U\{1, T\}} [(\mathrm{SNR}(s) - \mathrm{SNR}(t)) \|\mathbf{x} - \hat{\mathbf{x}}_\theta(\mathbf{x}_t; t)\|^2]$$

ただし $s = (i-1)/T,\ t = i/T$ である。DDPM の変分下限は各時刻の重みが複雑な形で表されていたが、ここではそれぞれの時刻の SNR の差で重みを表すことができる。

2.4.2 連続時間モデル

先の目的関数は、真の変分下限を T 個の短冊形の矩形によって近似しているとみなせる。積分対象を矩形で近似し、矩形を細かくしていってリーマン積

分を導出した時と同じように、分割数 T を大きくしていくことで、変分下限に対して収束していき離散化誤差が 0 に近づいていく。

さらに分割数を無限大に大きくしていって $T \to \infty$ とした場合が、連続時間モデルである。$\mathcal{L}_T$ をステップ幅 $\tau = 1/T$ の関数で次のように表す。

$$\mathcal{L}_T(\mathbf{x}) = \frac{1}{2}\mathbb{E}_{\epsilon \sim \mathcal{N}(\mathbf{0},\mathbf{I}), i \sim U\{1, T\}}\left[\frac{\mathrm{SNR}(t-\tau) - \mathrm{SNR}(t)}{\tau}\|\mathbf{x} - \hat{\mathbf{x}}_\theta(\mathbf{x}_t; t)\|^2\right]$$

ただし $t = i/T$、$\mathbf{x}_t = \alpha_t \mathbf{x} + \sigma_t \epsilon$ である。

この時、$\tau \to 0$、$T \to \infty$ とし、$\mathrm{SNR}(t)$ の微分 $\mathrm{dSNR}(t)/\mathrm{d}t$ を $\mathrm{SNR}'(t)$ とした場合、上の式は、次のように表される。

$$\begin{aligned}\mathcal{L}_\infty(\mathbf{x}) \\ &= -\frac{1}{2}\mathbb{E}_{\epsilon \sim \mathcal{N}(\mathbf{0},\mathbf{I}), t \sim U[0,1]}[\mathrm{SNR}'(t)\|\mathbf{x} - \hat{\mathbf{x}}_\theta(\mathbf{x}_t; t)\|^2] \\ &= -\frac{1}{2}\mathbb{E}_{\epsilon \sim \mathcal{N}(\mathbf{0},\mathbf{I})}\int_0^1 \mathrm{SNR}'(t)\|\mathbf{x} - \hat{\mathbf{x}}_\theta(\mathbf{x}_t; t)\|^2\mathrm{d}t \qquad (2.18)\end{aligned}$$

この目的関数は、適当な実数の時刻 $0 < t < 1$ をサンプリングし、その時刻のデノイジングを $\mathrm{SNR}'(t)$ という重みを付けて学習することで推定できる。

2.4.3　ノイズスケジュールによらず同じ解が得られる

離散化誤差のない連続時間モデルの場合、拡散モデルはノイズスケジュールによらずに、スケール分を除いて同じ結果が得られることを示す。

関数 $\mathrm{SNR}(t)$ は単調増加関数であるため、可逆関数である。

そこで、目的関数で時刻 t を変数変換して、それに対応するシグナルノイズ比 $v = \mathrm{SNR}(t)$ を使った場合、どのように表されるのかをみる。α_v, σ_v をそれぞれ時刻 $t = \mathrm{SNR}^{-1}(v)$ で評価した時の α_t, σ_t とする（$\alpha_v = \alpha_{t=\mathrm{SNR}^{-1}(v)}$, $\sigma_v = \sigma_{t=\mathrm{SNR}^{-1}(v)}$）。また、$\mathbf{x}_v = \alpha_v \mathbf{x} + \sigma_v \epsilon$ とおく。同様に、摂動後サンプルをシグナルノイズ比の値で表し、$\tilde{\mathbf{x}}_\theta(\mathbf{x}, v) = \hat{\mathbf{x}}_\theta(\mathbf{x}, t = \mathrm{SNR}^{-1}(v))$ とおく。この時、連続時間モデルの目的関数 (2.18) は、変数変換した時 $|\mathrm{d}v/\mathrm{d}t|^{-1} = 1/\mathrm{SNR}'(t)$ であることも考慮すると、次のように得られる。

$$\mathcal{L}_\infty(\mathbf{x}) = \frac{1}{2}\mathbb{E}_{\epsilon \sim \mathcal{N}(\mathbf{0},\mathbf{I})}\int_{\mathrm{SNR}_{\min}}^{\mathrm{SNR}_{\max}}\|\mathbf{x} - \hat{\mathbf{x}}_\theta(\mathbf{x}_v; v)\|^2\mathrm{d}v$$

ただし、$\mathrm{SNR}_{\min} = \mathrm{SNR}(1), \mathrm{SNR}_{\max} = \mathrm{SNR}(0)$ である。

この式が示すのは、ノイズスケジュールを表す $\alpha(t), \sigma(t)$ が目的関数に影響を与えるのは時刻の末端の $\mathrm{SNR}_{\min}, \mathrm{SNR}_{\max}$ のみであり、途中の時刻のノイズスケジュールの違いに対し、目的関数は不変であることである。

さらに、この拡散過程から導出される確率分布 $p(\mathbf{x})$ も、途中のノイズスケジュールに対して不変であることを、次のように示すことができる。

具体的には、$p^{\mathrm{A}}(\mathbf{x})$ をノイズスケジュールとデノイジングからなる $\{\alpha_v^{\mathrm{A}}, \sigma_v^{\mathrm{A}}, \tilde{\mathbf{x}}_\theta^{\mathrm{A}}\}$ で指定される分布とし、$\mathbf{x}_v^{\mathrm{A}}$ をこの拡散過程の v というシグナルノイズ比に対応する時刻における潜在変数とする。同様に $p^{\mathrm{B}}(\mathbf{x})$ を $\{\alpha_v^{\mathrm{B}}, \sigma_v^{\mathrm{B}}, \tilde{\mathbf{x}}_\theta^{\mathrm{B}}\}$ で指定される分布とし、$\mathbf{x}_v^{\mathrm{B}}$ をその潜在変数とする。

この時、シグナルノイズ比の定義より $v = \alpha_v^2 / \sigma_v^2$ であり、$\sigma_v = \alpha_v / \sqrt{v}$ となり、潜在変数をノイズで表した $\mathbf{x}_v^{\mathrm{A}}(\mathbf{x}, \epsilon)$ について、次が成り立つ。

$$\mathbf{x}_v^{\mathrm{A}}(\mathbf{x}, \epsilon) = \alpha_v^{\mathrm{A}} \mathbf{x} + \sigma_v^{\mathrm{A}} \epsilon = \alpha_v^{\mathrm{A}}(\mathbf{x} + \epsilon / \sqrt{v})$$

同様に、$\mathbf{x}_v^{\mathrm{B}}(\mathbf{x}, \epsilon)$ について次が成り立つ。

$$\mathbf{x}_v^{\mathrm{B}}(\mathbf{x}, \epsilon) = \alpha_v^{\mathrm{B}} \mathbf{x} + \sigma_v^{\mathrm{B}} \epsilon = \alpha_v^{\mathrm{B}}(\mathbf{x} + \epsilon / \sqrt{v})$$

よって、$\mathbf{x}_v^{\mathrm{A}}(\mathbf{x}, \epsilon) = (\alpha_v^{\mathrm{A}} / \alpha_v^{\mathrm{B}}) \mathbf{x}_v^{\mathrm{B}}(\mathbf{x}, \epsilon)$ が成り立つ。

この関係が示すのは、異なるノイズスケジュールをもつ拡散過程から導出される生成過程の潜在変数は、スケール $(\alpha_v^{\mathrm{A}} / \alpha_v^{\mathrm{B}})$ を除いて一致し、かつその情報はシグナルノイズ比 v のみに依存し、各時刻の α_t, σ_t には依存しないことである。

よって、末端 $t=0, t=1$ の SNR 比が同じであれば、異なる拡散過程は同じ目的関数をもち、潜在変数は $(\alpha_v^{\mathrm{A}} / \alpha_v^{\mathrm{B}})$ という異なるスケールをもつことを除いて、それらの確率分布も一致する。

このように、SBM を代表とする分散発散型拡散過程も、DDPM を代表とする分散保存型拡散過程も、連続時間モデルにおいては一致する。そのため、学習の際は、都合のよいほうの過程を選んで学習させればよい。

2.4.4 学習可能なノイズスケジュール

最後に、各時刻のノイズの大きさを学習によって決定することを考える。例えば、パラメータ θ で特徴付けられた単調増加関数 $\gamma_\theta(t)$ を考え、それにシグモイド関数 $\mathrm{sigmoid}(x) = \dfrac{1}{1+\exp(-x)}$ を適用した値を分散 σ^2 として利用する場合を考える。

$$\sigma_t^2 = \mathrm{sigmoid}(\gamma_\theta(t))$$

また、拡散過程として分散保存型拡散過程 $\alpha_t = \sqrt{1-\sigma_t^2}$ を考えた場合、α_t^2 と $\mathrm{SNR}(t)$ はそれぞれ

$$\alpha_t^2 = \mathrm{sigmoid}(-\gamma_\theta(t))$$

$$\mathrm{SNR}(t) = \exp(-\gamma_\theta(t))$$

と与えられる。この場合、先の離散時間の目的関数は次の式で与えられる。

$$\mathcal{L}_T(\mathbf{x}) = \frac{T}{2}\mathbb{E}_{\epsilon\sim\mathcal{N}(\mathbf{0},\mathbf{I}),i\sim U\{1,T\}}[(\exp(\gamma_\theta(t)-\gamma_\theta(s))-1)\|\epsilon-\hat{\epsilon}_\theta(\mathbf{x}_t;t)\|^2]$$

ただし、$\mathbf{x}_t = \mathrm{sigmoid}(-\gamma_\theta(t))\mathbf{x} + \mathrm{sigmoid}(\gamma_\theta(t))\epsilon$ である。

ここで重みとして出てくる $\exp(.)-1$ という演算は、数値的に安定的に計算できる $\mathrm{expm1}\,(.)$ を使って求めることができる。従来手法では 64-bit 浮動小数点で求める必要があったが、この表現の場合は 32-bit やそれより少ない bit 数の浮動小数点で求めることができる。

また、連続時間モデルの場合の目的関数は、次のように与えられる。

$$\mathcal{L}_\infty(\mathbf{x}) = \frac{1}{2}\mathbb{E}_{\epsilon\sim\mathcal{N}(\mathbf{0},\mathbf{I}),t\sim\mathcal{U}(0,1)}\left[\gamma_\theta'(t)\|\epsilon-\hat{\epsilon}_\theta(\mathbf{x}_t;t)\|^2\right]$$

ただし、$\gamma'(t) = \mathrm{d}\gamma(t)/\mathrm{d}t$ である。

第2章のまとめ

本章ではスコアベースモデル(SBM)とデノイジング拡散確率モデル (DDPM)という2つの生成モデルを紹介した。

SBMはスコアを使ったランジュバン・モンテカルロ法の問題(多峰性 のある分布を効率的に探索できない、未学習領域が存在する)を解決する ため、元のデータ分布に異なる強さのノイズを加えて攪乱した分布を複数 用意し、それぞれのスコアを推定する。そして、徐々にノイズレベルを下 げた攪乱後分布を使ったランジュバン・モンテカルロ法による遷移を繰り 返し、データ分布からのサンプルを得る。

DDPMは、データに徐々にノイズを加えていき、完全なノイズに変換 する拡散過程を考える。そして、この拡散過程を逆向きにたどる逆拡散過 程を推定し、これをノイズからデータへの生成過程とする。DDPMは潜 在変数モデルとみなすことができ、尤度の変分下限を最大化することによ り学習できる。この変分下限は、各時刻におけるデノイジングタスクとみ なすことができ、SBMと重みだけが異なる同じ目的関数が導出される。

また、シグナルノイズ比の枠組みを使ってSBMとDDPMは統一的な 枠組みで扱うことができ、これを拡散モデルとよぶ。さらに、ステップ数 を無限大に多くしていくことにより、離散化誤差を0に近づけられるこ とをみた。加えて、異なるノイズスケジュールによって得られる生成過程 も一致し、SBMとDDPMが完全に統一化される。

3 連続時間化拡散モデル

　前章では、データに徐々にノイズを加えていく拡散過程を逆向き
にたどる逆拡散過程によって、ノイズからデータを生成することを
みてきた。この過程のステップ数を増やせば増やすほど、離散化誤
差を小さくすることができる。

　ノイズを加える過程のステップ数を無限大に増やし、連続時間
化した場合の拡散モデルは、確率微分方程式（SDE）とみなすこと
ができる。さらに導出された確率微分方程式は、それと同じ確率分
布をもつ常微分方程式（ODE）に変換することができる。この常微
分方程式は、確率フロー ODE とよばれる。拡散モデルを SDE や
ODE とみなすことにより、それらの分野で発展した手法を使うこ
とができる。

　確率フロー ODE はノイズを含まない決定的な過程で、事前分布
とデータ分布間を変換し、対数尤度の下限ではなく対数尤度の不偏
推定を評価でき、データと潜在表現の 1 対 1 対応を与えるなどの
優れた性質をもつ。

　そして、拡散モデルには従来の生成モデルにはなかった様々な優
れた特徴があることをみていく。

　この章は、確率微分方程式についての知識を必要とする。確率微
分方程式については、教科書 [14] [15] なども参考にしながら読
み進めていただきたい。

3.1 確率微分方程式

確率微分方程式（SDE; Stochastic Differential Equations）は、次の式で与えられる（図 3.1）。

$$\mathrm{d}\mathbf{x} = \mathbf{f}(\mathbf{x}, t)\mathrm{d}t + \mathbf{G}(\mathbf{x}, t)\mathrm{d}\mathbf{w} \tag{3.1}$$

この式において $\mathrm{d}\mathbf{x}$ は $\mathbf{x}$ の微小時間あたりの変化量である。この変化量は、決定的に変化する量 $\mathbf{f}(\mathbf{x}, t)\mathrm{d}t$ と、ランダムに変化する量 $\mathbf{G}(\mathbf{x}, t)\mathrm{d}\mathbf{w}$ の和から構成される。$\mathbf{w}$ は標準ウィーナー過程またはブラウン運動ともよばれ、$\mathrm{d}\mathbf{w}$ は微小時間間隔 τ において、平均が $\mathbf{0}$、分散が τ となる正規分布とみなせる。このウィーナー過程が定める経路は、どこまで拡大したとしても上下に激しく変化しているような経路であり、あらゆる点で微分不可能である。そのため、通常の微分・積分とは異なる規則を使って微分・積分を行う必要がある。

この確率微分方程式において、$\mathbf{f}(\cdot, t)\colon \mathbb{R}^d \to \mathbb{R}^d$ はベクトルを入力としベクトルを出力とする関数であり、ドリフト係数とよぶ。また、行列 $\mathbf{G}(\cdot, t)\colon \mathbb{R}^d \to \mathbb{R}^{d\times d}$ はベクトルを入力とし、行列を出力とする関数であり、拡散係数とよ

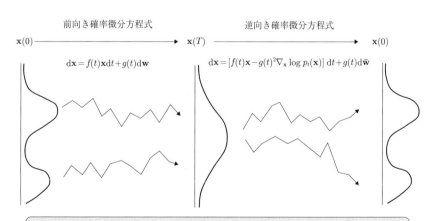

図 3.1

ぶ。

一般に、拡散モデルで扱う確率微分方程式としては、次のように、ドリフト係数が時間のみに依存する関数 $f(t)$ と入力 $\mathbf{x}$ の積で表され、かつ拡散係数 $g(\cdot): \mathbb{R} \to \mathbb{R}$ は時間のみに依存しスカラー値を出力する確率微分方程式を考える(対角行列を出力し、対角成分がすべて同じスカラー値である場合と考えてもよい)。

$$\mathrm{d}\mathbf{x} = f(t)\mathbf{x}\mathrm{d}t + g(t)\mathrm{d}\mathbf{w} \qquad (3.2)$$

本章で紹介する様々な性質については、より一般的な式(3.1)の場合で証明をするが、必要に応じて式(3.2)を用いる。

SDE は、ドリフト係数 $\mathbf{f}$、拡散係数 $\mathbf{G}$ が入力と時間についてリプシッツ性をもつとき、解が存在する。この場合、ウィーナー過程がもたらすランダム性のため、1つの経路が得られるのではなく、様々な経路が確率的に得られる。この時の $\mathbf{x}(t)$ の確率密度を $p_t(\mathbf{x})$ で表す。また、入力を長い時間拡散させた後に得られる分布 $p_T(\mathbf{x})$ を、離散時間の場合と同様に、事前分布とよぶ。$0 \le s < t \le T$ の時、$p_{st}(\mathbf{x}(t)|\mathbf{x}(s))$ を $\mathbf{x}(s)$ から $\mathbf{x}(t)$ への条件付き確率とする。

3.2 SBM と DDPM の SDE 表現

SBM と DDPM を連続時間化していくことで、どのような確率微分方程式(ドリフト係数と拡散係数)が得られるかをみていく。

SBM の拡散過程は次のように与えられていた。

$$q(\mathbf{x}_i|\mathbf{x}) = \mathcal{N}(\mathbf{x}, \sigma_i^2 \mathbf{I}) \qquad (3.3)$$

この場合、1ステップの拡散過程は、式(2.9)の $\alpha_i = 1$ の場合であり、次のように与えられる。

$$q(\mathbf{x}_i|\mathbf{x}_{i-1}) = \mathcal{N}(\mathbf{x}_i; \mathbf{x}_{i-1}, (\sigma_i^2 - \sigma_{i-1}^2)\mathbf{I})$$

この拡散過程は、変数変換をして

$$\mathbf{x}_i = \mathbf{x}_{i-1} + \sqrt{\sigma_i^2 - \sigma_{i-1}^2}\,\mathbf{z}_{i-1}$$

$$\mathbf{z}_{i-1} \sim \mathcal{N}(\mathbf{0}, \mathbf{I})$$

と表される。簡略化のために $\sigma_0 = 0$ とする。

　ここで、$N \to \infty$ とした極限を考える。この場合、$\{\mathbf{x}_i\}_{i=1}^N$ は連続な確率過程 $\{\mathbf{x}(t)\}_{t=0}^1$ となり、σ_i は関数 $\sigma(t)$、$\mathbf{z}_i$ は関数 $\mathbf{z}(t)$ となる。

　また、$\Delta t = 1/N$ とし、$t \in \left\{ 0, \dfrac{1}{N}, \ldots, \dfrac{N-1}{N} \right\}$ とする。

　この時、

$$\mathbf{x}(t + \Delta t)$$
$$= \mathbf{x}(t) + \sqrt{\sigma(t + \Delta t)^2 - \sigma(t)^2}\,\mathbf{z}(t)$$
$$\approx \mathbf{x}(t) + \sqrt{\frac{\mathrm{d}[\sigma(t)^2]}{\mathrm{d}t}\Delta t}\,\mathbf{z}(t)$$

この近似は $\Delta t \ll 1$ の時、差分を 1 次近似することで成り立つ。

　ここで $\Delta t \to 0$ とした時

$$\mathrm{d}\mathbf{x} = \sqrt{\frac{\mathrm{d}[\sigma(t)^2]}{\mathrm{d}t}}\,\mathrm{d}\mathbf{w}$$

が得られる。

　このように SBM から導出された SDE は時間が経つにつれ、分散が大きくなっていく過程なので、分散発散型 SDE（VE-SDE）とよぶ。

　これに対し、DDPM は次の形であった（$\alpha_i := 1 - \beta_i$ であったことに注意）。

$$\mathbf{x}_i = \sqrt{1 - \beta_i}\,\mathbf{x}_{i-1} + \sqrt{\beta_i}\,\mathbf{z}_{i-1}, \quad i = 1, \ldots, N$$

$N \to \infty$ の極限をとるため、$\hat{\beta}_i = N\beta_i$ と変数変換し、次のように表す。

$$\mathbf{x}_i = \sqrt{1 - \frac{\hat{\beta}_i}{N}}\,\mathbf{x}_{i-1} + \sqrt{\frac{\hat{\beta}_i}{N}}\,\mathbf{z}_{i-1}$$

$N \to \infty$ の極限では、$\{\hat{\beta}_i\}_{i=1}^N$ は時刻 t を引数とする関数 $\beta(t)$ となる。

　先と同様に、$\Delta t = 1/N$, $t \in \left\{ 0, \dfrac{1}{N}, \ldots, \dfrac{N-1}{N} \right\}$ を導入すると

$$\mathbf{x}(t+\Delta t)$$

$$= \sqrt{1 - \beta(t+\Delta t)\Delta t}\,\mathbf{x}(t) + \sqrt{\beta(t+\Delta t)\Delta t}\,\mathbf{z}(t)$$

$$\approx \mathbf{x}(t) - \frac{1}{2}\beta(t+\Delta t)\Delta t\,\mathbf{x}(t) + \sqrt{\beta(t+\Delta t)\Delta t}\,\mathbf{z}(t)$$

$$\approx \mathbf{x}(t) - \frac{1}{2}\beta(t)\Delta t\,\mathbf{x}(t) + \sqrt{\beta(t)\Delta t}\,\mathbf{z}(t)$$

1つ目の近似は $\Delta t \ll 1$ の時の1次近似、2つ目の近似は $\Delta t \simeq 0$ の時に成り立つ。

$\Delta t \to 0$ の極限をとった時、

$$d\mathbf{x} = -\frac{1}{2}\beta(t)\mathbf{x}dt + \sqrt{\beta(t)}d\mathbf{w}$$

が得られる。

DDPM から導出された SDE は時間が経っても分散が一定に保たれる過程なので、分散保存型 SDE（VP-SDE）とよぶ。

3.3 SDE 表現の逆拡散過程

ここまでは、データ分布から事前分布に向かって変化していく拡散過程における SDE を示した。この逆向きをたどる逆拡散過程によって、生成過程が定義される。つまり、事前分布 $p_T(\mathbf{x})$ から拡散過程を逆向きにたどっていき、時刻 $t=0$ に至った時に確率分布 $p_0(\mathbf{x})$ に従う過程である。

拡散過程の SDE が

$$d\mathbf{x} = \mathbf{f}(\mathbf{x}, t)dt + \mathbf{G}(\mathbf{x}, t)d\mathbf{w} \tag{3.4}$$

で与えられた時、この SDE 表現の逆拡散過程は次の別の SDE で与えられる [16]。証明については、付録 A.6 節で与える。

$$d\mathbf{x} = \left\{ \mathbf{f}(\mathbf{x}, t) - \nabla \cdot [\mathbf{G}(\mathbf{x}, t)\mathbf{G}(\mathbf{x}, t)^{\mathsf{T}}] - [\mathbf{G}(\mathbf{x}, t)\mathbf{G}(\mathbf{x}, t)^{\mathsf{T}}]\nabla_{\mathbf{x}} \log p_t(\mathbf{x}) \right\} dt$$
$$+ \mathbf{G}(\mathbf{x}, t)d\bar{\mathbf{w}}$$

ただし、$\bar{\mathbf{w}}$ は時刻 T から 0 まで逆向きにたどった時の標準ウィーナー過程で

あり、dt は逆向きの無限小ステップである。そして、行列を出力値とする関数 $\mathbf{F}$ に対して $\mathbf{f}^i(\mathbf{x})$ を $\mathbf{F}(\mathbf{x})$ の出力値の i 列目のベクトルとした時、$\nabla \cdot \mathbf{F}(\mathbf{x})$ $:= (\nabla \cdot \mathbf{f}^1(\mathbf{x}), \nabla \cdot \mathbf{f}^2(\mathbf{x}), \ldots, \nabla \cdot \mathbf{f}^d(\mathbf{x}))^\mathsf{T}$ と定義される。

また、拡散モデルで使う次の SDE $d\mathbf{x} = f(t)\mathbf{x}dt + g(t)d\mathbf{w}$（式 (3.2)）の場合、逆拡散過程は大幅に簡略化され（上式で $\mathbf{G}(\mathbf{x}, t) = g(t)\mathbf{I}$ を代入）、次の SDE で与えられる [16]。

$$d\mathbf{x} = [f(t)\mathbf{x} - g(t)^2 \nabla_\mathbf{x} \log p_t(\mathbf{x})]dt + g(t)d\bar{\mathbf{w}} \tag{3.5}$$

この逆拡散過程が生成過程であり、各時刻のスコア $\nabla_\mathbf{x} \log p_t(\mathbf{x})$ さえわかれば、事前分布 $p_T(\mathbf{x})$ からデータ分布 $p_0(\mathbf{x})$ へ変換される経路を求めることができる。

3.4 SDE 表現の拡散モデルの学習

SBM の学習と同様に、各時刻のスコアを学習する場合、次の条件付き確率（拡散カーネル）を知る必要がある。

$$p_{0t}(\mathbf{x}(t)|\mathbf{x}(0))$$

SDE が

$$d\mathbf{x} = f(t)\mathbf{x}dt + g(t)d\mathbf{w}$$

の形の場合、条件付き確率は次のような正規分布で表すことができる [14] [15]。

$$p_{0t}(\mathbf{x}(t)|\mathbf{x}(0)) = \mathcal{N}(s(t)\mathbf{x}(0), s(t)^2 \sigma(t)^2 \mathbf{I}) \tag{3.6}$$

ただし、

$$s(t) = \exp\left(\int_0^t f(\xi)d\xi\right)$$

$$\sigma(t) = \sqrt{\int_0^t \frac{g(\xi)^2}{s(\xi)^2}d\xi}$$

である。

なお、ドリフト係数が時刻に対し線形変換である場合、条件付き確率は正規分布であり、その平均と分散は解析的に求めることができる [15]。

この公式に従い、VE-SDE, VP-SDE の拡散過程の条件付き確率は次のように与えられる。

（VE-SDE） $p_{0t}(\mathbf{x}(t)|\mathbf{x}(0)) = \mathcal{N}(\mathbf{x}(t); \mathbf{x}(0), [\sigma(t)^2 - \sigma(0)^2]\mathbf{I})$

（VP-SDE） $p_{0t}(\mathbf{x}(t)|\mathbf{x}(0))$
$$= \mathcal{N}(\mathbf{x}(t); \mathbf{x}(0)\exp(-\frac{1}{2}\gamma(t)), \mathbf{I} - \mathbf{I}\exp(-\gamma(t)))$$

ただし、$\gamma(t) := \int_0^t \beta(s)ds$ である。

この拡散過程の条件付き確率を使い、各時刻のスコアはデノイジングスコアマッチングを用いて推定できる。そして、推定されたスコアを逆拡散過程に利用することにより、サンプル生成をシミュレーションすることができる。

この場合、明示的スコアマッチングの目的関数は次のようになる。

$$\mathbb{E}_t\left[\lambda(t)\mathbb{E}_{\mathbf{x}(0)\sim p_{\mathrm{data}}(\mathbf{x})}\mathbb{E}_{\mathbf{x}(t)\sim p_{0t}(\mathbf{x}(t)|\mathbf{x}(0))}[\mathbf{s}_\theta(\mathbf{x}(t),t) - \nabla_{\mathbf{x}(t)}\log p_{0t}(\mathbf{x}(t)|\mathbf{x}(0))]\right]$$

ここで $\lambda(t)$ は各時刻の重み付けである。これをデノイジングスコアマッチングに変換し、目的関数として学習する。

離散時間の場合、デノイジングスコアマッチングを行う SBM の目的関数が、対数尤度の変分下限最大化を行う DDPM の目的関数と、重みを除いて一致することをみた。

同様に、SDE において各時刻のデノイジングスコアマッチング損失を最小化することは、逆向き SDE のスコアを使った場合の対数尤度の下限を最大化していることを証明できる [17]。例えば、各時刻における重み $\lambda(t)$ が $\lambda(t) = g(t)^2$ である時、スコアマッチングの目的関数は負の対数尤度の上限となっていることを証明できる [18]。また、他の重み付けをすることで他の様々な f-ダイバージェンス最小化を実現することが示せる。

3.5 SDE 表現の拡散モデルのサンプリング

デノイジングスコアマッチングで求められたスコア $\mathbf{s}_\theta(\mathbf{x}, t)$ を式(3.5)のスコアの部分に代入して、逆拡散過程をシミュレーションすることにより、データ分布からのサンプルを得る。これをプラグイン逆向き SDE とよぶ。

この場合、時刻 $t=1$ から開始し、時刻 $t=0$ でのサンプル $\mathbf{x}_0 \sim p(\mathbf{x}_0)$ を求める。この SDE を解く最も単純な方法は、オイラー・丸山法である。これは、SDE を T 個の短い時間に離散化し、各ステップで SDE の式を 1 次近似した上で進める。$T = t_T > t_{T-1} > \cdots > t_1 = 0$ を各ステップ時の時刻とし、$\Delta_i = t_i - t_{i-1}$ とした時、以下のようなサンプリングを行う。

Algorithm 3.1：オイラー・丸山法によるサンプリング

1：$\mathbf{x} \sim \mathcal{N}(\mathbf{0}, \mathbf{I})$
2：**for** $i = T, \ldots, 1$ **do**
3：　$\mathbf{z}_i \sim \mathcal{N}(\mathbf{0}, \mathbf{I})$
4：　$\mathbf{x} := \mathbf{x} - [f(t_i)\mathbf{x} - g(t_i)^2 \mathbf{s}_\theta(\mathbf{x}, t_i)]\Delta t_i + g(t_i)\sqrt{|\Delta t_i|}\mathbf{z}_i$
5：**end for**
6：**return** $\mathbf{x}_0$

このように、オイラー・丸山法による更新は、ランジュバン・モンテカルロ法と似ており、現在のサンプルをスコアと少しのノイズに従って更新しているとみなせる。

また、予測器–補正器サンプリング(predictor corrector sampling)は、任意の SDE ソルバーで予測した結果を、スコア関数 $\mathbf{s}_\theta(\mathbf{x}, t) \approx \nabla_\mathbf{x} \log p_t(\mathbf{x})$ を使った MCMC 法で修正する手法である。予測器、補正器に任意の SDE ソルバーと MCMC 法を組み合わせることができる。

3.6 確率フロー ODE

任意の SDE は、同じ周辺分布 $\{p_t(\mathbf{x})\}_{t \in [0,T]}$ をもつ常微分方程式(ODE;

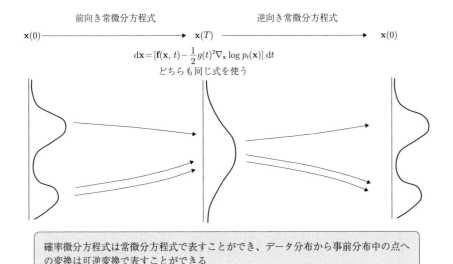

前向き常微分方程式　　　　　　　　　逆向き常微分方程式

$\mathbf{x}(0) \longrightarrow \mathbf{x}(T) \longrightarrow \mathbf{x}(0)$

$$d\mathbf{x} = [\mathbf{f}(\mathbf{x}, t) - \frac{1}{2}g(t)^2 \nabla_\mathbf{x} \log p_t(\mathbf{x})]\, dt$$

どちらも同じ式を使う

確率微分方程式は常微分方程式で表すことができ、データ分布から事前分布中の点への変換は可逆変換で表すことができる

図 3.2

Ordinary Differential Equations)に変換することができる。ODE は確率的な要素を含まない。これにより ODE を解くことで逆向き SDE と同じデータ分布からサンプリングできる。式(3.1)に対応する ODE は確率フロー ODE とよばれ、次の形で与えられる(図 3.2)。

$$d\mathbf{x} = [\mathbf{f}(\mathbf{x}, t) - \frac{1}{2}g(t)^2 \nabla_\mathbf{x} \log p_t(\mathbf{x})]dt \qquad (3.7)$$

先の逆向き SDE とよく似た形をしているが、確率過程 $d\mathbf{w}$ がなくなり、またスコアに係数 $\frac{1}{2}$ がついていることに注意されたい。

　確率フロー ODE の周辺尤度が SDE の周辺尤度と一致する証明は、3.6.1 項で与える。

　この過程は決定的な過程であり、t を増やす方向にも、減らす方向にも成り立つことに注意されたい。つまりこの式を使って、データ分布のサンプルから事前分布のサンプルへの変換と、その逆をともに表現することができる。この場合、データ分布から事前分布への変換が拡散過程ではなく、スコアに従って決定的に遷移していく。

　確率フロー ODE の $\nabla_\mathbf{x} \log p_t(\mathbf{x})$ を、デノイジングスコアマッチングで推定

したスコア関数 $\mathbf{s}_\theta(\mathbf{x}, t)$ で置き換えることにより、生成モデルを定義すること
ができる。

確率フロー ODE は、ODE を使った生成モデルであるニューラル ODE の
特殊系とみなすことができる。ニューラル ODE は、微分方程式を使って事前
分布からサンプリングされたデータを変化させる手法であり、各時刻の変化量
をニューラルネットワークでモデル化する。確率フロー ODE は、この変化量
を先の式(3.6)に基づいて定義する。

確率フロー ODE は、ノイズを含む SDE の式とは違って、1 対 1 対応がと
れる可逆変換を使ってサンプリングしやすい事前分布 $p_T(\mathbf{x})$ から複雑な分布
$p_0(\mathbf{x})$ へと変換させる。そのため、確率フロー ODE は、データ分布 $p_0(\mathbf{x})$ と
事前分布 $p_T(\mathbf{x})$ 間の 1 対 1 対応を与える。

これまでみてきた拡散モデルや、SDE による定式化では、事前分布 $\mathbf{x}_T \sim$
$p_T(\mathbf{x})$ と生成対象分布 $\mathbf{x}_0(\mathbf{x})$ との間に対応関係はなく、データの情報は生成
途中に少しずつ加えられるノイズに含まれている。これに対し、確率フロー
ODE は、事前分布のノイズと入力は 1 対 1 に対応し、片方を知ればもう片方
が決定される。

確率フロー ODE を使ったサンプリングは、確率的な要素が少ないため、少
ないステップ数でも高品質のサンプルが得られる。一方、SDE に加えられる
ノイズと SDE に適用される MCMC 法には離散化誤差を改善する効果がある
ことがわかっており、確率フロー ODE に多少のノイズを加えて生成すること
で生成品質を改善できる [8]。

3.6.1 確率フロー ODE と SDE の周辺尤度が一致する証明

確率フロー ODE の確率分布式(3.7)と SDE による周辺尤度が一致するこ
とを証明する。

証明

より一般の形での SDE を次のように与える。

$$\mathrm{d}\mathbf{x} = \mathbf{f}(\mathbf{x}, t)\mathrm{d}t + \mathbf{G}(\mathbf{x}, t)\mathrm{d}\mathbf{w}$$

この周辺尤度分布は、コルモゴロフ前向き方程式(フォッカー–プランク方程

式) [14] [15] によって、次のように表される。

$$
\frac{\partial p_t(\mathbf{x})}{\partial t}
$$

$$
= -\sum_{i=1}^{d} \frac{\partial}{\partial x_i} [f_i(\mathbf{x},t)p_t(\mathbf{x})] + \frac{1}{2} \sum_{i=1}^{d} \sum_{j=1}^{d} \frac{\partial^2}{\partial x_i \partial x_j} \left[\sum_{k=1}^{d} G_{ik}(\mathbf{x},t)G_{jk}p_t(\mathbf{x}) \right]
$$

$$
= -\sum_{i=1}^{d} \frac{\partial}{\partial x_i} [f_i(\mathbf{x},t)p_t(\mathbf{x})] + \frac{1}{2} \sum_{i=1}^{d} \frac{\partial}{\partial x_i} \underbrace{\left[\sum_{j=1}^{d} \frac{\partial}{\partial x_j} \left[\sum_{k=1}^{d} G_{ik}(\mathbf{x},t)G_{jk}p_t(\mathbf{x}) \right] \right]}_{(1)}
$$

$$(3.8)$$

ここで、(1) については

$$
\sum_{j=1}^{d} \frac{\partial}{\partial x_j} \left[\sum_{k=1}^{d} G_{ik}(\mathbf{x},t)G_{jk}p_t(\mathbf{x}) \right]
$$

$$
= \sum_{j=1}^{d} \frac{\partial}{\partial x_j} \left[\sum_{k=1}^{d} G_{ik}(\mathbf{x},t)G_{jk}(\mathbf{x},t) \right] p_t(\mathbf{x})
$$

$$
+ \sum_{j=1}^{d} \sum_{k=1}^{d} G_{ik}(\mathbf{x},t)G_{jk}(\mathbf{x},t)p_t(\mathbf{x}) \frac{\partial}{\partial x_j} \log p_t(\mathbf{x})
$$

$$
= p_t(\mathbf{x})\nabla \cdot [\mathbf{G}(\mathbf{x},t)\mathbf{G}(\mathbf{x},t)^{\mathsf{T}}] + p_t(\mathbf{x})\mathbf{G}(\mathbf{x},t)\mathbf{G}(\mathbf{x},t)^{\mathsf{T}}\nabla_{\mathbf{x}} \log p_t(\mathbf{x})
$$

と変形できる。先の式 (3.8) に代入すると

$$
= -\sum_{i=1}^{d} \frac{\partial}{\partial x_i} [f_i(\mathbf{x},t)p_t(\mathbf{x})]
$$

$$
+ \frac{1}{2} \sum_{i=1}^{d} \frac{\partial}{\partial x_i} \big[p_t(\mathbf{x})\nabla \cdot [\mathbf{G}(\mathbf{x},t)\mathbf{G}(\mathbf{x},t)^{\mathsf{T}}]
$$

$$
+ p_t(\mathbf{x})\mathbf{G}(\mathbf{x},t)\mathbf{G}(\mathbf{x},t)^{\mathsf{T}}\nabla_{\mathbf{x}} \log p_t(\mathbf{x})]
$$

$$
= -\sum_{i=1}^{d} \frac{\partial}{\partial x_i} \Big\{ f_i(\mathbf{x},t)p_t(\mathbf{x}) - \frac{1}{2} \big[\nabla \cdot [\mathbf{G}(\mathbf{x},t)\mathbf{G}(\mathbf{x},t)^{\mathsf{T}}]
$$

$$
+ \mathbf{G}(\mathbf{x},t)\mathbf{G}(\mathbf{x},t)^{\mathsf{T}}\nabla_{\mathbf{x}} \log p_t(\mathbf{x}) \big] p_t(\mathbf{x}) \Big\}
$$

$$
= -\sum_{i=1}^{d} \frac{\partial}{\partial x_i} [\tilde{f}_i(\mathbf{x},t)p_t(\mathbf{x})]
$$

ただし

$$\tilde{\mathbf{f}}(\mathbf{x},t) := \mathbf{f}(\mathbf{x},t) - \frac{1}{2}\nabla \cdot [\mathbf{G}(\mathbf{x},t)\mathbf{G}(\mathbf{x},t)^{\mathsf{T}}] - \frac{1}{2}\mathbf{G}(\mathbf{x},t)\mathbf{G}(\mathbf{x},t)^{\mathsf{T}}\nabla_{\mathbf{x}}\log p_t(\mathbf{x})$$

である。この式を調べると、次のコルモゴロフ前向き方程式と一致する。

$$\mathrm{d}\mathbf{x} = \tilde{\mathbf{f}}(\mathbf{x},t)\mathrm{d}t + \tilde{\mathbf{G}}(\mathbf{x},t)\mathrm{d}\mathbf{w}$$

ただし、$\tilde{\mathbf{G}}(\mathbf{x},t)=0$ である。

つまり

$$\begin{aligned}
\mathrm{d}\mathbf{x} &= \tilde{\mathbf{f}}(\mathbf{x},t)\mathrm{d}t \\
&= \left\{ \mathbf{f}(\mathbf{x},t) - \frac{1}{2}\nabla \cdot [\mathbf{G}(\mathbf{x},t)\mathbf{G}(\mathbf{x},t)^{\mathsf{T}}] - \frac{1}{2}\mathbf{G}(\mathbf{x},t)\mathbf{G}(\mathbf{x},t)^{\mathsf{T}}\nabla_{\mathbf{x}}\log p_t(\mathbf{x}) \right\}\mathrm{d}t
\end{aligned}$$

である。なお、拡散係数 $\mathbf{G}(\mathbf{x},t)$ が $g(t)$ のように $\mathbf{x}$ に依存しない場合、この第 2 項（$\frac{1}{2}\nabla \cdot [\mathbf{G}(\mathbf{x},t)\mathbf{G}(\mathbf{x},t)^{\mathsf{T}}]$）が 0 となり、式 (3.7) と一致する。（証明終）

3.6.2　確率フロー ODE の尤度計算

確率フロー ODE の尤度は、変数変換公式 [19] によって次のように求めることができる。

$$\log p_0(\mathbf{x}(0)) = \log p_T(\mathbf{x}(T)) + \int_{t=0}^{T} \nabla \cdot \tilde{\mathbf{f}}_\theta(\mathbf{x}(t),t)\mathrm{d}t$$

$$\tilde{\mathbf{f}}_\theta(\mathbf{x}(t),t) = \mathbf{f}(\mathbf{x},t) - \frac{1}{2}g(t)^2\nabla_{\mathbf{x}}\log p_t(\mathbf{x})$$

ただし $\mathbf{x}(t)$ は ODE の解である。

多くの場合、発散 $\nabla \cdot \tilde{\mathbf{f}}_\theta(\mathbf{x},t)$ を計算するのは計算量が大きすぎる。この項は Skilling-Hutchinson trace 推定 [20] [21] とよばれるモンテカルロ推定で効率的に計算することができる。

$$\nabla \cdot \tilde{\mathbf{f}}_\theta(\mathbf{x},t) = \mathbb{E}_{p(\epsilon)}[\epsilon^{\mathsf{T}}\nabla\tilde{\mathbf{f}}_\theta(\mathbf{x},t)\epsilon]$$

ただし $\nabla\tilde{\mathbf{f}}_\theta$ は $\tilde{\mathbf{f}}_\theta$ のヤコビ行列であり、ϵ は $\mathbb{E}_{p(\epsilon)}[\epsilon]=\mathbf{0}$, $\mathrm{Cov}_{p(\epsilon)}[\epsilon]=\mathbf{I}$ を満たす確率変数である（正規分布 $\mathcal{N}(\mathbf{0},\mathbf{I})$ からのサンプルを使うのが一般的）。この $\epsilon^{\mathsf{T}}\nabla\tilde{\mathbf{f}}_\theta(\mathbf{x},t)$ は、誤差逆伝播法を使ってヤコビアンを陽に表さずに効率的に求めることができる（VJP; vector-Jacobian product）。そして、求められた

$\epsilon^{\mathsf{T}}\nabla\tilde{\mathbf{f}}_\theta(\mathbf{x},t)$ と ϵ との内積を計算する。

このように、確率フロー ODE の場合は対数尤度の不偏推定を効率的に求めることができる。一方、尤度を不偏推定するには工夫が必要である [22]。

3.6.3 シグナルとノイズで表される確率フロー ODE

ここまで、拡散モデルを連続時間化して確率微分方程式を得て、それと同じ周辺尤度をもつ常微分方程式として確率フロー ODE を導出した。導出された確率フロー ODE の係数 $\tilde{\mathbf{f}}(\mathbf{x},t)$ は、確率微分方程式のドリフト係数 $\mathbf{f}(t)$ と拡散係数 $g(t)$ によって表されていた。

一方、DDPM や SBM などの拡散過程は、式 (3.6) にあるように

$$p_{0t}(\mathbf{x}(t)|\mathbf{x}) = \mathcal{N}(s(t)\mathbf{x}, s(t)^2\sigma(t)^2\mathbf{I})$$

と、各時刻のシグナル $s(t)$ とノイズ $\sigma(t)$ によって表されていた。（2.4 節とノイズの定義が違うことに注意。）

このシグナルとノイズを使った形で、確率フロー ODE [8] は次のように与えられる。導出の説明は付録 A.3 節で与える。

$$d\mathbf{x} = \left[s'(t)\mathbf{x}/s(t) - s(t)^2\sigma'(t)\sigma(t)\nabla_\mathbf{x}\log p(\mathbf{x}/s(t);\sigma(t)) \right] dt$$

特に $s(t)=1$ の場合（分散発散型 SDE）の場合は

$$d\mathbf{x} = -\sigma'(t)\sigma(t)\nabla_\mathbf{x}\log p(\mathbf{x};\sigma(t))dt$$

と単純な形で表すことができる。

* * *

これまで拡散モデルを連続時間化し、確率微分方程式（SDE）として表せることや、常微分方程式（確率フロー ODE）として表せることを示してきた。これらの見方により、SDE や ODE で発展してきた様々な理論解析や手法を利用することができる。

3.7 拡散モデルの特徴

ここまで様々な拡散モデルを順に紹介してきた。この節では、拡散モデルが生成モデルとしてどのような特徴をもつのかを説明していく。

3.7.1 従来の潜在変数モデルとの関係

拡散モデルは潜在変数モデルである（図 3.3）。完全なノイズ（正規分布）より得たサンプル $\mathbf{x}_T$ からスタートし、徐々にデノイジングしていき（$\mathbf{x}_{T-1}, \mathbf{x}_{T-2}$, ...）、最終的なサンプル $\mathbf{x}_0$ を得る。この最初のノイズや途中のノイズが含まれているデータが潜在変数であり、最終的に得られるサンプルが観測変数である。

こうした潜在変数モデルでは、潜在変数を周辺化することで得られた観測変数の対数尤度を最大化することで学習する。一方で拡散モデルは従来の潜在変数モデルとは次の点が異なる。

1 つ目は、拡散モデルは認識モデル $q(\mathbf{x}_{1:T}|\mathbf{x}_0)$ を学習するのではなく、固定の拡散過程を利用していることである。従来の変分自己符号化器（VAE）などの潜在変数モデルは、認識モデルも生成モデルと同時に学習していた。一般に事後分布 $p(\mathbf{x}_{1:T}|\mathbf{x}_0)$ は尤度 $p(\mathbf{x}_0|\mathbf{x}_{1:T})$ よりも複雑であり、認識モデルの学習は難しい。これは生成過程が疎な因果関係に基づいて構成されているのに対し、事後確率分布は必ずしもそうではないことによる。そのため、VAE では生成モデルより認識モデルの方がずっと強力なモデルを使う必要がある。また、学習するにつれて、生成モデルの変化にあわせて認識モデルも同時に変化していく必要があることも、学習を難しくする。その上、拡散モデルは最終的な分布 $q(\mathbf{x}_T)$ が正規分布になるという保証もある。これに対し、従来の潜在変数モデルでは、認識モデルが事後分布のすべてのモードをカバーできず、一部しかカバーしないことも少なくない（モード崩壊）。こうした状況は事後分布崩壊（posterior collapse）とよばれる。拡散モデルでは、この事後分布崩壊が発生しにくい。

2 つ目は、拡散モデルは複数の確率層（$\mathbf{x}_1, \mathbf{x}_2, \ldots, \mathbf{x}_T$）を使ったモデルであ

拡散モデルと一般の潜在変数モデルとの違い

(1) 拡散モデルは固定の推論／認識モデルを使うため、学習が必要ない

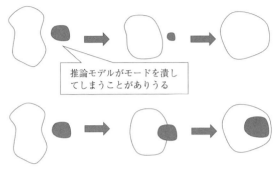

(2) 拡散モデルはモード崩壊が起こらない

推論モデルがモードを潰してしまうことがありうる

図 3.3

り、表現力を非常に大きくできることである。確率層が多いモデルを直接、誤差逆伝播法で学習するには、途中の層の状態を覚えておかなければならず、計算量やメモリ使用量が多くなる問題があった。一方、拡散過程は任意の深さ(時刻)の状態 $\mathbf{x}_t$ を解析的に復元することができ、また、目的関数が時刻ごとのデノイジングの和で独立されている。そのため、拡散モデルでは途中の確率層を抜き出して、その層についての回帰問題(デノイジングスコアマッチング)を使って学習することができ、効率的に学習できる。また拡散モデルはすべての確率層は同じモデルを共有しているため($\epsilon(\mathbf{x}, t)$)、パラメータ数は確率層の数に依存せず一定である。

拡散モデルは、そのままでは誤差逆伝播法を使って学習できないような非常に大きな生成過程をもったモデルを学習可能にし、それにより生成能力を大幅に改善できているといえる。

3.7.2 拡散モデルは学習が安定している

拡散モデルは従来の生成モデルと比べて学習が安定しており、1つのモデル(デノイジング、ノイズ、スコアのいずれかを推定)を学習するだけで、様々な

タスクを行うことができる。これに対し、従来の高次元データ向け生成モデル
は、学習が不安定になりがちで、複数のモデルを学習する必要があった。例え
ば敵対的生成モデル（GAN など）は、生成器と識別器の 2 つを競合して学習す
る必要があり、学習途中では識別器が強くなりがちであり、学習は不安定にな
る。また、変分自己符号化器（VAE）では、認識器と生成器の 2 つを学習する
必要がある。VAE の学習は GAN よりも安定しているものの、協調して学習
する必要がある。拡散モデルでは、認識器は固定の拡散過程を利用し、生成過
程についてのモデル（デノイジングもしくは加えられたノイズを推定）はデノイ
ジングスコアマッチングという最小化問題を解くだけでよいので、安定して学
習できる。

　学習が安定しているため、従来よりもずっと大きなモデルと大量の訓練デー
タセットで学習させることができる。

3.7.3　複雑な生成問題を簡単な部分生成問題に分解する

　拡散モデルは、複雑な生成問題を簡単な部分生成問題に自動的に分解するこ
とにより、生成が難しいデータを学習することができる。例えば、動画生成は
難しい問題の 1 つで、従来の VAE や GAN では訓練データにフィッティング
することすら困難であったが、拡散モデルは動画生成に成功し汎化することも
できている。

　拡散モデルの生成過程は、データを徐々にデノイジングしていく過程である
が、それぞれの時刻のデノイジング問題はデータ全体の一部分を担当し、徐々
にデータを生成する過程となっている。ニューラルネットワークにおいて、ス
キップ接続（ResNet）によって複雑な変換問題をまとめて解くのではなく、逐
次的で簡単な部分変換問題に分解した場合と同様に、拡散モデルは、難しい生
成問題を無数の部分的な生成問題に分解することにより、生成過程の学習を容
易にしている。

　また、どのように生成過程を分解するかは、拡散過程によって自動的に決め
られる。一般に興味のある生成対象のデータは、低周波成分が高周波成分より
大きくなっている場合が多い。

　拡散過程は徐々にノイズが大きくなっていく過程であり、周波数成分でみれ

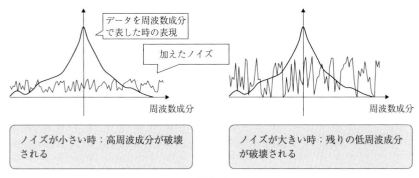

データを周波数成分
で表した時の表現

加えたノイズ

周波数成分

周波数成分

ノイズが小さい時：高周波成分が破壊
される

ノイズが大きい時：残りの低周波成分
が破壊される

図 3.4

ば徐々に周波数が高い成分から破壊される（図 3.4）。そのため、拡散過程の前半は詳細に対応する高周波成分を破壊し、後半はデータ全体に対応する低周波成分を破壊する。生成過程ではこの逆に、低周波成分をまず生成し、次に高周波成分を生成するように学習されることが期待される。

また、生成過程の途中で離散化誤差もしくはモデル誤差によって生成に失敗したとしても、その後の過程で修正することもできる。これを明示的に導入したのが予測器–補正器サンプリングであり、サンプリング途中で誤差によって実際の生成過程の軌道から外れても、スコアを使って再度軌道まで戻ることができる。

なお、非ガウシアンノイズによる拡散モデルについては、付録 A.7 節で説明する。

3.7.4 様々な条件付けを組み合わせることができる

拡散モデルは学習対象の確率分布のスコアを学習するが、これにより仮想的にエネルギーベースモデルを学習しているともみなせる。第 1 章で説明したエネルギーベースモデルの定義を再掲しよう。

$$q_\theta(\mathbf{x}) = \exp(-f_\theta(\mathbf{x}))/Z(\theta)$$
$$\nabla_\mathbf{x} \log q_\theta(\mathbf{x}) = -\nabla_\mathbf{x} f_\theta(\mathbf{x})$$

$$(3.9)$$

エネルギーベースモデルには、複数のエネルギーベースモデルを後から自由に組み合わせられる構成性がある。そして、拡散モデルも複数のモデルを後か

ら自由に組み合わせられる。

例えば、エネルギー $f_1(\mathbf{x})$ で定義される確率分布 $p_1(\mathbf{x}) \propto \exp(-f_1(\mathbf{x}))$ を生成できるように学習したスコア $\mathbf{s}_1(\mathbf{x}, t)$ と、エネルギー $f_2(\mathbf{x})$ で定義される確率分布 $p_2(\mathbf{x}) \propto \exp(-f_2(\mathbf{x}))$ を生成できるように学習したスコア $\mathbf{s}_2(\mathbf{x}, t)$ があった時、エネルギー $f_1(\mathbf{x}) + f_2(\mathbf{x})$ に従う確率分布 $p_{1 \cap 2}(\mathbf{x}) \propto \exp(-f_1(\mathbf{x}) - f_2(\mathbf{x}))$ は、$\mathbf{s}_1(\mathbf{x}, t) + \mathbf{s}_2(\mathbf{x}, t)$ を使って生成できる。

この $p_{1 \cap 2}(\mathbf{x})$ は、2 つの確率の積 $p_1(\mathbf{x})p_2(\mathbf{x})$ を正規化した分布であり、それぞれの確率分布の特徴や制約を引き継いだ新しい分布とみなせる [23]。

また、各確率分布を強調するような重み付けを加えた分布 $p_1(\mathbf{x})^{\lambda_1} p_2(\mathbf{x})^{\lambda_2}$ も、スコアに重みを加えた $\lambda_1 \mathbf{s}_1(\mathbf{x}, t) + \lambda_2 \mathbf{s}_2(\mathbf{x}, t)$ を使って生成できる。

このように、確率分布を後から組み合わせたり強調度合いを変えられるのは、スコアの定義に分配関数(正規化項)が登場しないためである。

この仕組みを使って、スコアを組み合わせて様々な条件付けを行うガイダンスについては、次章で詳しく扱っていく。

3.7.5　生成における対称性を自然に組み込むことができる

拡散モデルは生成における対称性をモデルに組み込むことができる。例えば、化合物や点群を扱う場合は、座標軸のとり方によらず生成される確率は同じであってほしい。従来は、こうした対称性を考慮した生成モデルを設計することは困難であり、対称性を備えた専用の生成過程や目的関数を作った場合には、表現力が落ちてしまうという問題があった。生成モデルに対称性をどのように導入するかは長年の課題であった。

拡散モデルのように、生成過程が複数の変換から構成され、それらすべての変換が同変性(4.5 節で詳しく定義)をもつように設計できた場合、その変換によって生成されるデータは対称性をもつことができる。拡散モデルの場合は、デノイジング関数に同変性を備えたモデルを使うことにより、生成における対称性を組み込むことができる。これについては次章で説明する。

これまで拡散モデルの特徴をみてきたが、一方で、拡散モデルには次のような課題がある。

3.7.6 サンプリング時のステップ数が多く生成が遅い

拡散モデルの一番の問題は、生成に多くのステップを必要とすることであり、ステップ数を少なくしてしまうと、サンプルの品質が急激に落ちてしまうことである。また、各ステップでデノイジングを行うニューラルネットワークによる評価が必要である。当初の拡散モデルでは数千ステップを必要としたが、様々な改良により、現在では工夫すれば数十ステップで生成できるようになり、条件付き生成の場合には、数十ステップから数ステップで高い品質のサンプルを生成できるようになっている。また次章で扱うように、直接データ空間ではなく、それを要約した特徴空間などで拡散モデルを定義することにより高速に生成できる。しかし、変分自己符号化器や敵対的生成モデルなどではニューラルネットワークによる1回の評価で生成できており、それと比べると拡散モデルの生成はまだ数倍から数十倍遅い。

3.7.7 拡散モデルでなぜ汎化できるかの仕組みの理解が未解決

拡散モデルで有限数の訓練データから生成モデルを学習して、訓練データ以外の様々なサンプルがなぜ実現できているかについて、その理解がまだ不十分である。データ分布を最尤推定した場合、各データ点の確率密度が無限大でそれ以外は0である混合ディラック・デルタ分布が最適となってしまうが、この分布は訓練データしかサンプリングできない分布であり、興味がない。一方、拡散モデルによって生成されるデータは多様性があり、訓練データに存在しないデータを生成できる一方で、それぞれが訓練データがもつ特性や制約にきわめて忠実なサンプルを生成することができる。

拡散モデルはスコアを学習するが、このスコアを学習する際に、どのように汎化が実現されているのかを理解する必要がある。また、ニューラルネットワークのアーキテクチャや学習(確率的勾配降下法)が生み出す汎化能力も大きく貢献していると考えられる。こうした汎化の仕組みの理解は、これからである。

第3章のまとめ

本章では、連続時間化された拡散モデルは確率微分方程式(SDE)によって表すことができ、この確率微分方程式を逆向きにたどる場合は、スコアを使った別の確率微分方程式によって表されることをみた。この確率微分方程式を使って、ノイズからデータを生成する生成過程を定義できる。

さらに確率微分方程式の周辺尤度と一致する常微分方程式(ODE)である確率フロー ODE を導出した。この場合、ノイズとサンプルは、スコアを使って決定的な過程で相互に変換することができる。また、対数尤度の不偏推定を求めることもできる。

最後に、拡散モデルの特徴をまとめた。拡散モデルは固定の認識モデルを使い、また複雑な生成過程を簡単な生成過程の組み合わせに自動で分解し、それらを独立に学習できることを示した。また、複数のモデルを組み合わせられることも示した。

4 拡散モデルの発展

本章では拡散モデルの発展を紹介する。1つ目は条件付き生成である。実際のアプリケーションで使われるのは、条件付き生成である場合がほとんどである。2つ目は、データ空間ではなく、その部分空間で拡散していく部分空間拡散モデルである。3つ目は、対称性を考慮した拡散モデルである。

4.1 条件付き生成におけるスコア

はじめに、条件付き生成について説明する。拡散モデルがアプリケーションで使われる場合は、条件付き生成として使われるのが一般的である。ユーザーは条件を通じて問題の入力や制約を与えることができる。拡散モデルは他のモデルとは違って、条件を後付けすることができるという優れた特徴をもつ。

具体的な問題設定を説明する。入力 $\mathbf{x}$ に加えて条件 $y \in \mathcal{Y}$ が与えられ、$p(\mathbf{x})$ ではなく $p(\mathbf{x}|y)$ に従ってデータをサンプリングしたい場合を考える。例えば、テキストを条件として、それに対応する画像を生成する場合や、低解像度の画像を条件として、それに対応する高解像度の画像を生成する超解像などが考えられる。

条件無し生成が、各時刻 t のスコア $\nabla_{\mathbf{x}} \log p_t(\mathbf{x})$ さえあれば生成できたのと同様に、条件付き生成も、条件付き確率のスコア $\nabla_{\mathbf{x}} \log p_t(\mathbf{x}|y)$ さえあれば、条件付き生成できる。この $\nabla_{\mathbf{x}} \log p_t(\mathbf{x}|y)$ を条件付きスコアとよぶ。以降では簡略化のために、スコアの時刻 t への依存は省略するが、学習の際には重要となるので、4.2 節であらためて時刻 t への依存について言及する。

条件付き生成は、条件をいろいろと変えて生成するのが一般的である。そのため、条件ごとにスコアを学習し直すのではなく、同じモデルを使って様々な

条件に対応できるのが望ましい。

一般に条件付き確率は、ベイズの定理を用いて次のように変形できる。

$$p(\mathbf{x}|y) = \frac{p(y|\mathbf{x})p(\mathbf{x})}{p(y)}$$

この形を用いて、条件付き確率の対数尤度とスコアは、それぞれ次のように表される。

$$\log p(\mathbf{x}|y) = \log p(y|\mathbf{x}) + \log p(\mathbf{x}) - \log p(y)$$

$$\nabla_{\mathbf{x}} \log p(\mathbf{x}|y) = \nabla_{\mathbf{x}} \log p(y|\mathbf{x}) + \nabla_{\mathbf{x}} \log p(\mathbf{x})$$

ここで $\nabla_{\mathbf{x}} \log p(y) = 0$ を利用した。

このように条件付きスコアは、分類モデル $\log p(y|\mathbf{x})$ の勾配と条件無し確率 $\log p(\mathbf{x})$ の勾配の和として表される。

4.2 分類器ガイダンス

分類器ガイダンス [24] は、分類モデル $p(y|\mathbf{x})$ を学習し、次に、得られた分類モデルの入力についての勾配を求める。この場合、条件付け部分にさらに次のように重み γ を付け加える。

$$\nabla_{\mathbf{x}} \log p_{\gamma}(\mathbf{x}|y) = \gamma \nabla_{\mathbf{x}} \log p(y|\mathbf{x}) + \nabla_{\mathbf{x}} \log p(\mathbf{x}) \tag{4.1}$$

$\gamma > 0$ はガイダンススケールとよばれ、$\gamma = 1$ の時は元の条件付き確率と同じだが、$\gamma > 1$ の時は条件部を強調する作用がある。ガイダンススケールがついた場合、生成される分布は、次のような条件部の $p(y|\mathbf{x})$ に指数がついた分布とみなせる。

$$p_{\gamma}(\mathbf{x}|y) \propto p(\mathbf{x})p(y|\mathbf{x})^{\gamma}$$

ここで γ は逆温度とみなすことができ、γ を大きくすれば、各サンプルはその条件部らしいサンプルが出力されるようになる。例えば、「犬」という条件のもとで画像を生成するタスクを考えた場合、γ を大きくすると、より犬らしい、犬と分類されそうな画像のみが生成される。この場合には、生成画像の多

様性は失われるが、忠実さは向上する。逆に $\gamma < 1$ の時は、多様性を重視する分布に対応する。多くのアプリケーションでは多様性より忠実さを重視するので、$\gamma > 1$ を使う。

この分類器ガイダンスは有効だが、実際に使うには問題が 2 つある。

1 つ目は、拡散モデルで利用する場合は、異なるノイズレベル（時刻）のスコア（$\nabla_{\mathbf{x}} \log p_t(y|\mathbf{x})$）が必要なことである。そのため、通常に学習した分類器をそのまま使うことはできず、異なるノイズレベルの入力 $\tilde{\mathbf{x}}$ における分類器 $p_t(y|\tilde{\mathbf{x}})$ を学習する必要がある。

2 つ目は、入力 $\mathbf{x}$ のほとんどの情報が y とは関係のない場合に、$p(y|\mathbf{x})$ の $\mathbf{x}$ について勾配をとると、実際の y とは関係のない入力変化をしばしばとらえてしまうことである。これは、敵対的摂動などでみられる問題とも共通のものであり、条件付き生成の品質が低下してしまう。

4.3 分類器無しガイダンス

こうした分類器ガイダンスの問題点を解決する手法として、分類器無しガイダンス [25] が提案された（図 4.1）。分類器無しガイダンスは、分類器を使わずに条件スコア $p(\mathbf{x}|y)$ を直接学習する。条件スコアにすべての条件で同じモデルを使い、入力 $\mathbf{x}$ と条件 y を受け取り、その時のスコアを出力する。また、一定確率（10〜20％）で条件 y を、条件がないことを表す特別な入力 $y = \varnothing$ に置き換えて学習する。入力や特徴量を一定確率で 0 にして学習するドロップアウトが正則化手法として知られているが、分類器無しガイダンスでは、条件部を一定確率でドロップアウトして学習する。

この何も条件がないことを表す $\varnothing$ には、学習した埋め込みベクトルを利用したり、条件が連続値をもつベクトルの場合はゼロベクトル $\varnothing = \mathbf{0}$ を利用する。

ドロップアウトがどのような役割を果たしているのかをみるために、分類確率 $p(y|\mathbf{x})$ を再度ベイズの公式で変換すると次式を得る。

$$p(y|\mathbf{x}) = \frac{p(\mathbf{x}|y)p(y)}{p(\mathbf{x})}$$

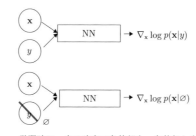

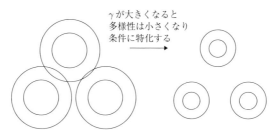

学習時に一定の確率で条件部を、条件無しを
表す入力 ∅ にドロップアウトする

γ が大きくなると
多様性は小さくなり
条件に特化する

$$\nabla_{\mathbf{x}} \log p_{\gamma}(\mathbf{x}|y) = \gamma \nabla_{\mathbf{x}} \log p(\mathbf{x}|y) + (1-\gamma) \nabla_{\mathbf{x}} \log p(\mathbf{x})$$

分類器無しガイダンスは 1 つのニューラルネットワー
ク(NN)で条件温度付き分布を実現できる

図 4.1

$$\log p(y|\mathbf{x}) = \log p(\mathbf{x}|y) + \log p(y) - \log p(\mathbf{x})$$

$$\nabla_{\mathbf{x}} \log p(y|\mathbf{x}) = \nabla_{\mathbf{x}} \log p(\mathbf{x}|y) - \nabla_{\mathbf{x}} \log p(\mathbf{x}) \quad (\nabla_{\mathbf{x}} \log p(y) = 0 \text{ より})$$

この式を先の分類器ガイダンス(式(4.1))に代入すると

$$\nabla_{\mathbf{x}} \log p_{\gamma}(\mathbf{x}|y)$$
$$= \gamma \nabla_{\mathbf{x}} \log p(y|\mathbf{x}) + \nabla_{\mathbf{x}} \log p(\mathbf{x})$$
$$= \gamma(\nabla_{\mathbf{x}} \log p(\mathbf{x}|y) - \nabla_{\mathbf{x}} \log p(\mathbf{x})) + \nabla_{\mathbf{x}} \log p(\mathbf{x})$$
$$= \gamma \nabla_{\mathbf{x}} \log p(\mathbf{x}|y) + (1-\gamma) \nabla_{\mathbf{x}} \log p(\mathbf{x})$$

となる。つまり、条件付きスコア $\nabla_{\mathbf{x}} \log p(\mathbf{x}|y)$ と条件無しスコア $\nabla_{\mathbf{x}} \log p(\mathbf{x})$
を γ の重み付き和で表しているとみなせる。条件無しスコア $\nabla_{\mathbf{x}} \log p(\mathbf{x})$ は、

条件部を ∅ に置き換えたモデルで推定する。

興味深いのは、γ が 1 より大きくなる場合である。この場合、$1-\gamma<0$ のため、条件無しスコア $\nabla_{\mathbf{x}} \log p(\mathbf{x})$ の係数は負となる。つまり、この時のスコアは、条件から生成されるサンプルの方向に向かいつつ、条件無し、つまり平均的なサンプルからはむしろ離れるような方向をとるようになる。

分類器無しガイダンスは、分類器ガイダンスの問題を解決できる。様々なノイズレベルで分類器を条件無しスコアと別に学習する必要がなく、通常の学習で条件部を一定確率でドロップアウトさせるだけでよい。そのため、学習を大きく単純化できる。また、条件付きスコアと条件無しスコアの学習を共有化することで、実際には関係のない y と $\mathbf{x}$ の関係をみつけてしまう可能性を減らすことができ、生成品質を大幅に改善できる。

こうした条件付けには、FiLM とよばれる特徴ベクトルに対するアフィン変換の、係数やバイアスを条件付けで与えたり、注意機構(Transformer)で実現されるのが一般的である。また、画像を条件として画像を生成するタスクのように、条件部が元のデータと同じ次元数をもつ場合には、入力の特徴次元方向に条件を連結することにより、条件付けを行うこともできる。

4.4 部分空間拡散モデル

拡散モデルは入力データと同じ空間上で拡散していき、完全なノイズになった時も、入力データの次元数と同じ次元数をもつ。拡散過程において入力次元数が変わらないことの問題点は 3 つある。

1 つ目の問題点は、高次元のスコア関数を学習しなければならないことである。高次元データは人がもつ直感とは違って圧倒的に広く、有限数の訓練データから学習することは難しい。ノイズを加えることにより、データ分布から離れた領域のスコア関数も学習できるように工夫しているものの、それでもデータ分布から遠く離れた領域のスコアの学習は、サンプル数が少ないこともあり難しい。また、生成過程で学習していない領域を通過する際に、不正確なスコアを使うために生成品質が落ちたり、生成が収束しない問題がみられる。

2 つ目の問題点は、計算量が大きいことである。拡散モデルでは生成過程に

おいて数十回から数千回のスコアの評価が必要である。そして、これらスコアを計算する際に必要な計算量は、おおよそデータの次元数に比例する。畳み込みニューラルネットワーク（CNN; Convolutional Neural Network）などの認識モデルは、入力画像を低解像度の特徴マップに変換した上で大部分の処理を行うため計算量は抑えられるが、拡散モデルは高次元の入出力を扱う必要があるため計算量が大きくなる。

3つ目の問題点は、次元数が変わらない場合、ノイズであったとしてもデータを要約した抽象化された表現が得られないことである。VAE や GAN における潜在変数はデータよりもずっと小さい次元数をもち、データを要約した表現として利用することができるが、拡散モデルの潜在変数はデータと同じ詳細情報をすべてもっている。抽象化された表現を使えれば、様々なタスクに汎化できるようなモデルを学習することができるが、拡散モデルではこうした表現が得られない。

これらの問題を解決するための1つの方法として、あらかじめ自己符号化器を学習しておき、入力空間を潜在空間に変換する符号化器と、潜在空間を入力空間に変換する復号化器を学習し、次元数が少なくなった潜在空間上で、拡散モデルを学習するというアプローチがある。潜在空間上で生成された変数は、復号化器を使って元の入力空間に変換できる。例えば Stable Diffusion [26] などは、このアプローチをとって計算量や使用メモリ量を大きく減らすことに成功している。

ここでは、もう1つのアプローチである部分空間拡散モデル [27] を詳しく述べる。部分空間拡散モデルは、自己符号化器を使ったモデルに対し、元の入力空間での確率モデルを矛盾なく定義でき、次元圧縮の仕方を拡散モデルの中で統一的に扱える、という利点がある。また、自己符号化器を使ったアプローチでは次元数が変わる変換を扱うため尤度が計算できなくなるのに対し、部分空間拡散モデルは扱う次元数が変わるものの尤度を計算できる。これらについてみていく。

現実世界の多くのデータ分布は多様体仮説にのっとり、線形部分空間として近似できる。このようなデータ分布を等方性正規分布を使って拡散していった場合、データが存在する部分空間に直交する部分空間は、データが存在する部

分空間に比べ、ずっと速く正規分布に近づくと考えられる。

そこで、最初のうちはすべての次元を使った拡散／逆拡散モデルを学習するが、ノイズが大きくなってきた後は、まだ十分拡散されていない非正規分布である部分空間に絞り込んでいき、その部分空間のみを拡散モデルでモデル化するという手法が、部分空間拡散モデルである。

ここでは、連続時間 $0 \leq t \leq T$ で次のような確率微分方程式で表される拡散過程を考える。

$$d\mathbf{x} = \mathbf{f}(\mathbf{x}, t)dt + \mathbf{G}(\mathbf{x}, t)d\mathbf{w}$$

拡散過程 $(\mathbf{0}, T)$ を $K+1$ 個の部分期間 $(t_0, t_1), \ldots, (t_K, t_{K+1})$ に分割し、$t_0 = 0,\ t_{k+1} = T$ とする。そして、拡散係数を各期間 $t_k < t < t_{k+1}$ で次のように定義する。

$$\mathbf{G}(\mathbf{x}, t) = g(t)\mathbf{U}_k \mathbf{U}_k^\mathsf{T}$$

ただし $\mathbf{U}_k \in \mathbb{R}^{d \times n_k}$ は、$\mathbb{R}^d$ の部分空間を張る $n_k \leq d$ 個の正規直交な列をもった行列である。この部分空間を k 番目の部分空間とよび、これらの列を $\mathbf{U}_k$ の基底とよぶ。また、$\mathbf{U}_0 = \mathbf{I}_d$ である。この部分空間は、徐々に小さくなるように、$d = n_0 > n_1 > \cdots > n_K$ と設定している。

また、$j < k$ の時、k 番目の部分空間は j 番目の部分空間であり、$\mathbf{U}_j \mathbf{U}_j^\mathsf{T} \mathbf{U}_k = \mathbf{U}_k$ が成り立つようにする。このように、拡散する空間はデータ空間全体から徐々に部分空間に絞られていく。

ここで、元のデータ空間のデータ $\mathbf{x}$ に対し、$\mathbf{U}_k^\mathsf{T}\mathbf{x} \in \mathbb{R}^{n_k}$ は $\mathbf{x}$ を k 番目の部分空間に変換した結果であり、$\mathbf{U}\mathbf{U}_k^\mathsf{T}\mathbf{x} \in \mathbb{R}^d$ は再度それを元のデータ空間に戻す操作である。この際、部分空間に含まれない情報は潰されている。

この場合のドリフト係数は次のように表される。

$$\mathbf{f}(\mathbf{x}, t) = f(t)\mathbf{x} + \sum_{k=1}^{K} \delta(t - t_k)(\mathbf{U}_k \mathbf{U}_k^\mathsf{T} - \mathbf{I}_d)\mathbf{x}$$

ただし σ はディラックのデルタ関数である。このドリフト係数は、入力 $\mathbf{x}$ は時刻 t_k になった瞬間に k 番目の部分空間に射影されることを表している。

$\mathbf{U}_k$ をどのように定義するかは問題に依存する。例えば画像データを扱う場

合は、2×2 の平均プーリングを適用した結果に 2 を掛ける操作をもって $\mathbf{U}_k$ とする。

4.4.1 部分空間拡散モデルの学習

学習では各時刻 t のスコア $\nabla_\mathbf{x} \log p_t(\mathbf{x})$ を推定する。しかし、$p_t(\mathbf{x})$, $t_k < t < t_{k+1}$ は k 番目の部分空間しかサポートがない（$p_t(\mathbf{x}) > 0$ となる領域を p_t のサポートとよぶ）。そのため、スコア関数を学習する際には、その部分空間の次元数 n_k のみモデル化する必要があり、残りの次元はモデル化する必要がない。さらに部分空間の成分 $\mathbf{x}_k$ は元のデータの SDE と同じように拡散する。

ここで $\mathbf{x}_k = \mathbf{U}_k^\mathsf{T} \mathbf{x} \in \mathbb{R}^{n_k}$ を、k 番目の部分空間におけるデータとする。

簡単のために $K = 1$ とし、部分空間が 1 つしかない場合を考える。この時、部分空間における $d\mathbf{x}_1$ は $d\mathbf{x}_1 = \mathbf{U}_1^\mathsf{T} d\mathbf{x}$ が成り立つので

$$
\begin{aligned}
d\mathbf{x}_1 &= \mathbf{U}_1^\mathsf{T} d\mathbf{x} \\
&= f(t)\mathbf{U}_1^\mathsf{T}\mathbf{x}dt + \delta(t - t_1)\mathbf{U}_1^\mathsf{T}(\mathbf{U}_1\mathbf{U}_1^\mathsf{T} - \mathbf{I}_d)\mathbf{x}dt \\
&\quad + g(t)(\mathbf{U}_1^\mathsf{T}(\mathbb{1}_{t<t_1}\mathbf{I}_d + \mathbb{1}_{t>t_1}\mathbf{U}_1\mathbf{U}_1^\mathsf{T}))d\mathbf{w}
\end{aligned}
$$

となる。$g(t)$ の後の式は煩雑だが、これは単に時刻 t_1 より前ならば $g(t)\mathbf{U}_1^\mathsf{T}d\mathbf{w}$、後なら $g(t)\mathbf{U}_1^\mathsf{T}\mathbf{U}_1\mathbf{U}_1^\mathsf{T}d\mathbf{w}$ であることを表す。

ここで $\mathbf{U}_1^\mathsf{T}\mathbf{U}_1 = \mathbf{I}_{n_k}$ を使うと、上記の式は次のように簡略化される。

$$
\begin{aligned}
d\mathbf{x}_1 &= f(t)\mathbf{U}_1^\mathsf{T}\mathbf{x}dt + g(t)\mathbf{U}_1^\mathsf{T}d\mathbf{w} \\
&= f(t)\mathbf{x}_1 dt + g(t)d\mathbf{w}_1
\end{aligned}
$$

ここでは、$\mathbf{U}_1$ の列が正規直交であり、$d\mathbf{w}_1 := \mathbf{U}_1^\mathsf{T}d\mathbf{w}$ が $\mathbb{R}^{n_1}$ のブラウン拡散であることを利用した。これにより、部分空間における拡散 $p(\mathbf{x}_1(t)|\mathbf{x}_1(0))$ は、元の空間における拡散と同じ形となる。

このようにした部分空間におけるスコアは、$\mathbf{x}_1$ を対象としたデノイジングスコアマッチングで学習することができ、かつその場合には情報損失はない。

こうして、空間全体とまったく同じ枠組みを使ってスコア関数を学習でき、各期間 k におけるスコア $\mathbf{s}_k(\mathbf{x}_k, t) \approx \nabla_\mathbf{x} \log p(\mathbf{x}_k, t)$ を学習できる。

4.4.2 部分空間拡散モデルのサンプリング

サンプルを生成する場合には、各期間 (t_k, t_{k+1}) ごとに対応するスコアモデル $\mathbf{s}_k(\mathbf{x}_k, t)$ を利用し、逆向きにたどればよい。しかし、境界時刻 t_k において、拡散時には部分空間に射影していた部分を逆向きにたどることはできない。

そこで、k 番目の部分空間に直交する空間 $\mathbf{x}_{k|k-1}^\perp$ については正規分布に従うノイズを注入することにより、$\mathbf{x}_k(t_k)$ から $\mathbf{x}_{k-1}(t_k)$ を作り出す(図 4.2)。このノイズの分散 $\Sigma_{k|k-1}^\perp$ は、時刻 t_k の周辺分散 $\mathbf{x}_{k|k-1}^\perp$ と一致させる。これはデータの分散 $\mathbf{x}_{k|k-1}^\perp$ と拡散カーネルの分散の和で表され、次のように求められる。

$$\Sigma_{k|k-1}^\perp(t_k) := \frac{\alpha(t_k)^2}{n_{k-1} - n_k} \mathbb{E}\left[\|\mathbf{x}_{k|k-1}^\perp(0)\|^2\right] + \sigma(t_k)^2$$

ただし、$\alpha(t)$ と $\sigma(t)^2$ はそれぞれ、拡散カーネルのスケールと分散である。

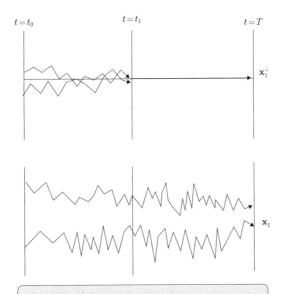

部分空間拡散モデルでは、特定の時刻 t_1 に部分空間 $\mathbf{x}_1^\perp$ はガウシアンノイズとみなしそこで拡散を止め、残りの部分空間 $\mathbf{x}_1$ は拡散を続ける

図 4.2

このように、サンプリングすることは実際の近似である。しかし、部分空間に射影する際に直交空間の成分が小さくなるように部分空間を設定していれば、部分空間が正規分布で近似したとしても、よい近似になることが期待される。また、射影した後にランジュバン・モンテカルロ法で数回摂動させることで、ノイズ注入による近似を緩和させることができる。

4.5 対称性を考慮した拡散モデル

対称性は世の中の多くの現象やデータでみられる。対称性は強力な事前知識かつ帰納バイアスであり、対称性を考慮したモデルを考えることにより、学習効率を大幅に改善し、汎化性能を改善することができる。

拡散モデルは、初めてスケーラブルな対称性を考慮した生成モデルを実現した。この節では対称性とはなにか、対称性を考慮した生成モデルがなぜ重要なのか、拡散モデルを使ってどのように対称性を考慮した生成モデルを実現するのかについて説明する。

4.5.1 幾何と対称性

はじめに、幾何そして対称性とはなにかについて説明する。

幾何とは、ある種の変換に対する不変性を研究する分野である。例えば、平行な線を並進したり回転したりしても、平行なままである。世の中の多くの問題はこうした不変性をもっている。

また、対称性とは、ある特定の対象に対してある操作を適用しても変わらないような性質をさす。例えば、画像分類であれば、画像の並進移動に対して分類結果は不変であり、化合物であれば、化合物の回転（座標軸のとり方）に対してその物性は不変であり、また、点群データは、それらを計算機上で表す際の点の順序が変わったとしても、それらの点が表す情報は変わらない。また、古典力学ではそのダイナミクスは、時間が順方向に進む場合と逆向きに進む場合とで同じ法則が成り立つという不変性がある。

こうした不変性を利用することにより、効率的な学習を実現できる。例えば、近年ディープラーニングが成功した理由として、幾何や不変性を考慮し

ていた点があげられる。畳み込みニューラルネットワーク（CNN）は並進移動不変性、回帰結合型ニューラルネットワーク（RNN; Recurrent Neural Network）は時間移動不変性、ゲート付きネットワークの場合は時間伸縮に関する不変性、Graph Neural Network や Transformer は集合データに関する要素の置換同変性を考慮することができる。

対称性を定義するため、機械学習の関数 f の入力は、領域 Ω 上で定義されるシグナル $x(u)$ を受け取るとする。シグナルは領域 Ω 上の要素 $u \in \Omega$ を引数にとり、その時の値 $x(u)$ を返す関数 $x : \Omega \to \mathcal{C}$ である。

例えば画像の場合には、$n \times n$ のグリッド上に RGB 値からなる 3 次元のベクトルが定義される。この場合、シグナルは $\Omega = \mathbb{Z}_n \times \mathbb{Z}_n$ から RGB 値 $\mathbb{R}^3$ への関数として定義される。また、シグナルに対して適用される操作を $\mathfrak{g}$ と表す。例えば、入力画像 x を並進移動 $\mathfrak{g}$ させた上で関数 f を適用した結果は、$f(\mathfrak{g}(x))$ と表される。また化合物などは入力座標 x を回転 $\mathfrak{g}$ させた上で関数 f を適用した結果も $f(\mathfrak{g}(x))$ と表される。

この時、関数 f が操作 $\mathfrak{g}$ に対し不変であるとは、次が成り立つことである（図 4.3）。

$$f(\mathfrak{g}(x)) = f(x)$$

また、関数 f が操作 $\mathfrak{g}$ に対し同変であるとは、次が成り立つことである（図 4.4）。

$$f(\mathfrak{g}(x)) = \rho(\mathfrak{g})(f(x))$$

ただし ρ は操作を入力とする関数であり、f の出力に対して適用できる関数を返す。不変は、同変において $\rho(\mathfrak{g})$ が入力をそのまま返す恒等写像（$\rho(\mathfrak{g}) = \mathrm{Id}$）である特殊例である。また同変は、入力に対し適用した操作が出力に対してそのまま適用されるケース（$\rho(\mathfrak{g}) = \mathfrak{g}$）を扱う場合が多い。例えば、画像中の物体を検出するタスクの場合、画像を並進移動させると、その検出結果も同様に並進移動する。この場合は、入力に対する操作がそのまま出力に対して適用された同変性のケースである。

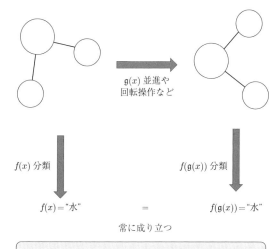

図 4.3

4.5.2 化合物配座

　ここでは対称性を扱う問題として、化合物の配座を推定する問題を考えてみよう。配座または立体配座とは、結合長や結合角の変化によって決まる化合物の空間的な原子の配置のことである。一般にはエネルギーが低くなるような配座を分子動力学(MD)法や MCMC 法を使って求めるが、サンプリングに時間がかかってしまったり、エネルギーの高い領域を越えにくいため、エネルギーの低い配座を網羅することが難しかった。

　配座は座標のとり方によって変わるものではないので、ある配座が生成される確率は、化合物の並進や自己回転に対して不変であることが求められる。しかし、こうした不変性を備えた確率をもつサンプリングは難しかった。

　拡散モデルは、こうした並進や自己回転に対して不変な生成モデルを作ることができる。具体的には、自己回転に不変な事前分布から、自己回転に同変な逆拡散過程を使ってデータ分布を生成した場合、自己回転に不変なデータ分布をもつような生成モデルを設計することができる。自己回転に同変な逆拡散過程は、自己回転に同変なスコア(デノイジング)を推定できるモデルを使うことにより実現できる。これについては以下で詳しくみていく。

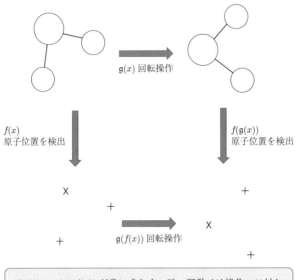

g(x) 回転操作

f(x)
原子位置を検出

f(g(x))
原子位置を検出

X

+

+

X

+

g(f(x)) 回転操作

+

+

f(g(x)) = ρ(g)(f(x)) が常に成り立つ時、関数 f は操作 g に対し
同変であるという(この例は ρ(g) = g)

図 4.4

n 個の原子からなる化合物を無向グラフ $\mathcal{G} = \langle \mathcal{V}, \mathcal{E} \rangle$ を使って表す。$\mathcal{V}$ は原子に対応する頂点集合であり、$\mathcal{E} = \{e_{ij}|(i,j) \subseteq |\mathcal{V}| \times |\mathcal{V}|\}$ は原子間の結合を表す枝集合である。また、各頂点 $v_i \in \mathcal{V}$ は原子の属性(例えば原子の種類)を表し、各枝 $e_{ij} \in \mathcal{E}$ は v_i と v_j 間の結合を表し、その結合の種類も保持する。

各原子は座標ベクトル $\mathbf{c} \in \mathbb{R}^3$ をもち、全原子の座標、つまり配座は、これらの座標ベクトルを並べた行列 $\mathcal{C} = [\mathbf{c}_1, \mathbf{c}_2, \ldots, \mathbf{c}_n]^\mathsf{T} \in \mathbb{R}^{n \times 3}$ によって表される。

分子配座生成は、グラフ $\mathcal{G}$ が与えられた時、その安定配座 $\mathcal{C}$ を生成する条件付き生成問題である。学習時には複数のグラフと、各グラフの(1つ以上の)安定構造が訓練データとして与えられる。これを利用して条件付き生成 $p_\theta(\mathcal{C}|\mathcal{G})$ を学習し、安定構造のサンプルを得られるようにすることが目標である(分子の構造は、そのエネルギーと温度によって定義されるカノニカル分布に従って分布していると考えられる)。

本章で取り上げる対称性を扱う操作は、3 次元空間中の並進と自己回転、鏡

像反転からなる（以下、自己回転と鏡像反転をあわせて自己回転とする）。これらの操作の集合を SE(3) とよぶ。本書では詳しく扱わないが、こうした集合は群の性質を備える。学習するモデルの尤度は、これら SE(3) の操作に対して不変であることが求められる。

拡散モデルを使った対称性を備えた生成

拡散モデルを使ってどのように対称性を備えた生成ができるかをみていく [28] [29]。

これまでの拡散モデルと同様に、初期の配座を C_0 とし、それに徐々にノイズを加えていく拡散過程 $q(C_t|C_{t-1})$ を考える。また、完全なノイズ $p(C_T)$ から出発し、拡散過程を逆向きにたどる逆拡散過程 $p_\theta(C_{t-1}|\mathcal{G}, C_t)$ でデータを生成する。

$$q(C_{1:T}|C_0) = \prod_{t=1}^{T} q(C_t|C_{t-1})$$

$$q(C_t|C_{t-1}) = \mathcal{N}(C_t; \sqrt{1-\beta_t}C_{t-1}, \beta_t\mathbf{I})$$

$$p_\theta(C_{0:T-1}|\mathcal{G}, C_t) = \prod_{t=1}^{T} p_\theta(C_{t-1}|\mathcal{G}, C_t)$$

$$p_\theta(C_{t-1}|\mathcal{G}, C_t) = \mathcal{N}(C_{t-1}; \mu_\theta(\mathcal{G}, C_t, t), \sigma_t^2\mathbf{I})$$

そして、最終的に生成される配座 C_0 の周辺尤度は、次のように表される。

$$p_\theta(C_0|\mathcal{G}) = \int p(C_T)p_\theta(C_{0:T-1}|\mathcal{G}, C_T)\mathrm{d}C_{1:T}$$

目標はこの周辺尤度を SE(3) 操作に対して不変にすることである。

並進移動に対する不変性は、重心が常に原点になるように設定した重心フリーの系とすることで達成できる。具体的には尤度を評価する際には、重心が原点となるように移動してから尤度を評価する。また、サンプリングする際には、サンプリングした後に重心が原点となるように移動する。

後は自己回転に対する不変性が達成されればよい。正規分布 $\mathcal{N}(\mathbf{0}, \mathbf{I})$ は等方性をもつため、自己回転に対して密度は不変である。よって、最初の $p(C_T)$ は自己回転に対し不変であり、重心フリーの系とあわせて SE(3) 不変な分布である。

次に、逆拡散過程 $p_\theta(\mathcal{C}_{t-1}|\mathcal{G},\mathcal{C}_t)$ は重心フリーの系で扱うため、並進移動に対しては不変である。$p_\theta(\mathcal{C}_{t-1}|\mathcal{G},\mathcal{C}_t)$ は自己回転 T_g に対して同変とする。

$$p(\mathcal{C}_T) = p(T_g(\mathcal{C}_T))$$

$$p_\theta(\mathcal{C}_{t-1}|\mathcal{G},\mathcal{C}_t) = p_\theta(T_g(\mathcal{C}_{t-1})|T_g(\mathcal{G}), T_g(\mathcal{C}_T))$$

とする時、

$$p_\theta(\mathcal{C}_0|\mathcal{G}) = \int p(\mathcal{C}_T)p_\theta(\mathcal{C}_{0:T-1}|\mathcal{G},\mathcal{C}_T)\mathrm{d}\mathcal{C}_{1:T}$$

は SE(3) 不変となることを証明する。

確率密度が SE(3) 不変となることの証明

ここでは配座のみならず一般の対称性に関して説明するため、拡散過程の変数は $\mathbf{x}_0, \mathbf{x}_1, \ldots, \mathbf{x}_T$ とする。

自己回転操作に対して $p(\mathbf{x}_{t-1}|\mathbf{x}_t)$ が同変、$p(\mathbf{x}_t)$ が不変なら、周辺分布 $p(\mathbf{x}_t)$ は不変であり、特に生成分布 $p(\mathbf{x}_0)$ も不変であることを証明する。

証明

自己回転操作は、直交行列 $\mathbf{R}$ で表すことができる。

$p(\mathbf{x}_t) = \mathcal{N}(\mathbf{0}, \mathbf{I})$ は自己回転に不変である。そのため、$p(\mathbf{x}_t) = p(\mathbf{R}\mathbf{x}_t)$ が成り立つ。

次に $t \in 1, \ldots, T$ の時に、$p(\mathbf{x}_t) = p(\mathbf{R}\mathbf{x}_t)$ が成り立つと仮定する。また遷移確率 $p(\mathbf{x}_{t-1}|\mathbf{x}_t)$ は同変であるという条件より、直交行列 $\mathbf{R}$ に対し、$p(\mathbf{x}_{t-1}|\mathbf{x}_t) = p(\mathbf{R}\mathbf{x}_{t-1}|\mathbf{R}\mathbf{x}_t)$ が成り立つ。この時

$$\begin{aligned}
&p(\mathbf{R}\mathbf{x}_{t-1})\\
&= \int p(\mathbf{R}\mathbf{x}_{t-1}|\mathbf{x}_t)p(\mathbf{x}_t)\mathrm{d}\mathbf{x}_t\\
&= \int p(\mathbf{R}\mathbf{x}_{t-1}|\mathbf{R}\mathbf{R}^{-1}\mathbf{x}_t)p(\mathbf{R}\mathbf{R}^{-1}\mathbf{x}_t)\mathrm{d}\mathbf{x}_t \quad (\mathbf{R}\mathbf{R}^{-1} = \mathbf{I} \text{ を掛ける})\\
&= \int p(\mathbf{x}_{t-1}|\mathbf{R}^{-1}\mathbf{x}_t)p(\mathbf{R}^{-1}\mathbf{x}_t)\mathrm{d}\mathbf{x}_t
\end{aligned}$$

$$(p(\mathbf{x}_{t-1}|\mathbf{x}_t) \text{ の同変性と } p(\mathbf{x}_t) = p(\mathbf{R}\mathbf{x}_t) \text{ の不変性を適用})$$

$\mathbf{v} = \mathbf{R}^{-1}\mathbf{x}_t$ と変数変換すると

$$= \int p(\mathbf{x}_{t-1}|\mathbf{v})p(\mathbf{v}) \cdot \underbrace{\det \mathbf{R}}_{=1} \cdot \mathrm{d}\mathbf{v}$$

$$= p(\mathbf{x}_{t-1})$$

これより $p(\mathbf{x}_{t-1})$ は自己回転操作に対し不変であることが示された。帰納法より $p(\mathbf{x}_{t-1}),\ldots,p(\mathbf{z}_0)$ はすべて不変であることが示された。（証明終）

SE(3) 同変を達成するネットワーク

ここまで SE(3) 不変とするためには、逆拡散過程が自己回転に対して同変であればよいことをみてきた。逆拡散過程の 1 ステップは平均 $\mu_\theta(\mathcal{G}, \mathcal{C}_{t-1}, t)$ と固定の分散をもつ正規分布で表されるため、平均が自己回転についての同変性を達成できればよい。平均 $\mu_\theta(\mathcal{G}, \mathcal{C}_t, t)$ は、これまでのデノイジング拡散モデルと同様に、ノイズ $\epsilon_\theta(\mathcal{G}, \mathcal{C}_t, t)$ を推定するようにモデル化される。

$$\mu_\theta(\mathcal{G}, \mathcal{C}_t, t) = \frac{1}{\sqrt{\alpha_t}} \left(\mathcal{C}_t - \frac{\beta_t}{\sqrt{1 - \bar{\alpha}_t}} \epsilon_\theta(\mathcal{G}, \mathcal{C}_t, t) \right)$$

この平均は、ノイズを推定するネットワーク ϵ_θ が自己回転に対して同変であれば、自己回転に対して同変となる。

この自己回転に対して同変性を達成できるモデルの実現例を、以下に説明する。この他にも、自己回転やその他の操作に対して同変性を達成するニューラルネットワークは、数多く提案されている。

グラフニューラルネットワークはグラフ構造 $\mathcal{G}$ に従って構成される。l 層目の各節点の埋め込みベクトル $\mathbf{h}^l \in \mathbb{R}^{n \times c}$（$c$ は特徴次元数）、座標の埋め込みベクトル $\mathbf{x}^l \in \mathbb{R}^{n \times 3}$ が入力として与えられた時、その出力は次のように求められる。

$$\mathbf{m}_{ij} = \Phi_m(\mathbf{h}_i^l, \mathbf{h}_j^l, \|\mathbf{x}_i^l - \mathbf{x}_j^l\|^2, e_{ij}, \theta_m) \tag{4.2}$$

$$\mathbf{h}_i^{l+1} = \Phi_h(\mathbf{h}_i^l, \sum_{j \in \mathcal{N}(i)} \mathbf{m}_{ij}; \theta_h) \tag{4.3}$$

$$\mathbf{x}_i^{l+1} = \sum_{j \in \mathcal{N}(i)} \frac{1}{d_{ij}} (\mathbf{c}_i - \mathbf{c}_j) \Phi_x(\mathbf{m}_{ij}; \theta_x) \tag{4.4}$$

ただし、Φ は順伝播ニューラルネットワークを表し、θ はそれぞれのパラメー

タを表し、d_{ij} は原子間の距離を表す。$\mathcal{N}(i)$ は i 番目の節点のグラフ上の隣接原子や、長距離依存を考慮するため閾値 τ の半径以内の原子の集合などを表す。また、$\mathbf{h}^0$ は原子と時刻に対応する埋め込みベクトルを並べたものであり、$\mathbf{x}^0$ は最初の原子座標である。

このような更新式をまとめて

$$\mathbf{x}^{l+1}, \mathbf{h}^{l+1} = \mathrm{GFN}(\mathbf{x}^l, \mathcal{C}, \mathbf{h}^l)$$

で表すとする。

この更新式が SE(3) 操作に対し、$\mathbf{h}^l$ が不変、$\mathbf{c}^l$ が同変ならば、SE(3) 操作に対し $\mathbf{h}^{l+1}$ も不変、$\mathbf{c}^{l+1}$ は同変であることを証明する。

証明

$\mathbf{g} \in \mathbb{R}^3$ を並進移動、$\mathbf{R} \in \mathbb{R}^{3 \times 3}$ を回転を表す直交行列とする。また $\mathbf{Rx}$ は $(\mathbf{Rx}_1, \ldots, \mathbf{Rx}_N)$ の略記とする。この場合に、次が成り立つことを示すのが目標である。

$$\mathbf{Rx}^{l+1}, \mathbf{h}^{l+1} = \mathrm{GFN}(\mathbf{Rx}^l, \mathbf{R}\mathcal{C} + \mathbf{g}, \mathbf{h}^l)$$

はじめに、2 つの原子間の距離は回転操作に対しては不変である。

$$\|\mathbf{Rc}_i^l - \mathbf{Rc}_j^l\|^2 = (\mathbf{c}_i^l - \mathbf{c}_j^l)^\mathsf{T} \mathbf{R}^\mathsf{T} \mathbf{R}(\mathbf{c}_i^l - \mathbf{c}_j^l) = \|\mathbf{c}_i^l - \mathbf{c}_j^l\|^2$$

ここで $\mathbf{R}$ は直交行列であるため、$\mathbf{R}^T \mathbf{R} = \mathbf{I}$ であることを利用した。

これより、式 (4.2) は

$$\mathbf{m}_{ij} = \Phi_m(\mathbf{h}_i^l, \mathbf{h}_j^l, \|\mathbf{Rx}_i^l - \mathbf{Rx}_j^l\|^2, e_{ij}, \theta_m)$$
$$= \Phi_m(\mathbf{h}_i^l, \mathbf{h}_j^l, \|\mathbf{x}_i^l - \mathbf{x}_j^l\|^2, e_{ij}, \theta_m)$$

が成り立つ。また、式 (4.3) から、$\mathbf{m}_{ij}$ が SE(3) 操作について不変であるなら、$\mathbf{h}_i^{l+1}$ も SE(3) 操作について不変である。

また、式 (4.4) は、$\mathbf{m}_{ij}$ が SE(3) 操作に対し不変であることを利用して

$$\sum_{j \in \mathcal{N}(i)} \frac{1}{d_{ij}} (\mathbf{Rc}_i + g - \mathbf{Rc}_j - g) \Phi_x(\mathbf{m}_{ij}; \theta_x)$$

$$= \mathbf{R} \sum_{j \in \mathcal{N}(i)} \frac{1}{d_{ij}} (\mathbf{c}_i - \mathbf{c}_j) \Phi_x(\mathbf{m}_{ij}; \theta_x)$$

$$= \mathbf{Rc}_i^{l+1}$$

これより、1 層分の変換について SE(3) 同変性は証明できた。これらの層を N 層重ねたニューラルネットワーク全体も、SE(3) が同変性を達成することが示せる。（証明終）

第 4 章のまとめ

本章では条件付き生成、部分空間拡散モデル、対称性を考慮した拡散モデルを紹介した。条件付き生成では、分類器ガイダンス、分類器無しガイダンスを説明した。特に分類器無しガイダンスは、1 つのモデルで実現でき、生成品質も高い利点がある。

部分空間拡散モデルは、入力データと同じ次元数の空間で遷移するのではなく、徐々に小さくなる部分空間で遷移する。計算量をおさえ、かつ抽象的な表現を得ながら尤度をそのまま評価できる。

対称性を考慮した生成は、特に物理世界のモデル化において強力である。本章では配座のみを扱ったが、化合物生成、ドッキング推定、軌道生成なども提案されている。世の中にはまだ未知の対称性、もしくは部分的な対称性があり、これらを利用することで学習を効率化し、生成や予測を大きく改善できると考えられている。対称性自身の学習も今後重要になってくると考えられる。

5 アプリケーション

拡散モデルは生成モデルであり、従来の生成モデルと同様に、目標分布からのデータをサンプリングすることができる。また確率フロー ODE 化した時は、対数尤度の不偏推定を求めることができる。3.7 節でも紹介したように、拡散モデルは、他の生成モデルにはない、多くの優れた特徴をもち、従来の生成モデルに置き換わって広く使われるようになっている。本章では、拡散モデルを使ったアプリケーション例をいくつか紹介していく。

　拡散モデルは従来の生成モデルと比べて生成品質や多様性に優れており、従来の生成モデルでは学習が難しかった生成対象も生成することができる。例えば、従来の生成モデルでは動画生成は難しく、訓練データにフィットすることすら難しかったが、拡散モデルを使って容易に動画データを生成することができるようになり、最初の数フレームを与えた後、残りの動画を何十分かにわたって生成するといったこともできるようになった。

　拡散モデルが特に注目されたのは、DALL-E2 [30] や Imagen [31]、Midjourney [32] や Stable Diffusion [26] などが、従来では考えられないような画像生成の多様性と表現力を示したためである。これらは与えられたテキストから画像を生成するモデルであり、ユーザーが自由にテキストで画像内容やスタイルを指定すると、それにあわせた画像を生成する。テキストを符号化器(対比学習によって獲得したり、言語モデルの中間状態を利用)を使って潜在ベクトルに変換した後に、潜在ベクトルに条件付けした上で画像を生成する。これらは高解像度の画像を直接生成するのではなく、低解像度の画像を一度生成した後に、それに条件付けして高解像度の画像を生成する。このどちらのステップにも拡散モデルを使うことにより、それぞれの部分問題がもつ多様性を表現

することができ、テキストに対応する多様な低解像度の画像、低解像度の画像に対応する多様な高解像度の画像を生成できる。

また、画像の生成モデルの評価には FID（Frèchet Inception Distance）が広く使われているが、この評価においても拡散モデルを使ったモデル [8] が他の生成モデルを凌駕しており、特にこれまで最も生成品質が高いとされていた敵対的生成モデル（GAN など）を超える FID を初めて達成している [8]。

5.1　画像生成・超解像・補完・画像変換

拡散モデルは画像生成問題で広く使われている。拡散モデルによる画像の生成品質は、それまで最も生成品質の高かった GAN の生成品質に匹敵もしくは超えるようになっている。また、尤度ベースの学習による安定性と生成の多様性などの点で、拡散モデルはより優れた画像生成手法となっている。

冒頭で述べたように、生成モデルは条件付き生成によって一層力を発揮する。条件部を指定することにより生成を制御でき、様々なタスクを解くことができる。教師有り学習が、入力を条件とした出力の条件付き生成問題とみなせることにも注意してほしい。

こうした条件付き生成は、第 4 章で紹介した分類器ガイダンスや分類器無しガイダンスを使って達成される。

例えば、冒頭で紹介したように、テキストで条件付けして画像を生成するモデルを使えば、様々な画像をテキストで指示して生成できる。こうした条件付けは後から付け足すことができる [33]。

また、低解像度の画像を条件として高解像度の画像を生成する超解像、一部分の画像から残りの画像を推定する画像補完、写実的な画像をコミック風や手描き風など様々なスタイルに変換する画像変換などが扱える。これらは問題ごとに特別な手法を使うことなく、条件付き生成問題として統一的に扱うことができる [34] [35]。既に描かれた画像から条件部を推定し、その条件で表されるスタイルを使って画像生成もできる。

また、条件付き生成問題が線形方程式の逆問題を解く問題とみなせる場合、条件無しスコアを使ってサンプリングしてから、条件付きデータの一貫性制約

を守る更新を適用することにより、効率よくかつ高精度に条件付き生成をすることができる [36] [37] (付録 A.4 節参照)。

5.2 動画・パノラマ生成

最も学習が難しかった動画生成なども、拡散モデルを使って実現されている。動画生成は各フレームの画像を生成する問題とみなせる。動画生成は非常に高次元のデータ生成の問題を扱うため、訓練データに対し過学習することすら難しい状況だった。

拡散モデルを使った動画生成は、一部のフレームを生成し、それに条件付けする形で生成する [38]。

具体的には $\mathbf{x}^a$ を動画の最初の数フレームとし、$\mathbf{x}^b$ を後続フレームとする。このように自己回帰的にサンプリングすることで、任意長の動画をサンプリングできる。

学習の際には、これらをつなげたサンプル $\mathbf{x} = [\mathbf{x}^a, \mathbf{x}^b]$ を考え、その拡散モデル $p_\theta(\mathbf{x} = [\mathbf{x}^a, \mathbf{x}^b])$ を考える。次に $p_\theta(\mathbf{x}^b | \mathbf{x}^a)$ からサンプリングする際には、異なる時刻 $s < t$ の潜在変数 $\mathbf{z}_s = [\mathbf{z}_s^a, \mathbf{z}_s^b]$ と $\mathbf{z}_t = [\mathbf{z}_t^a, \mathbf{z}_t^b]$ を考え、$p_\theta(\mathbf{z}_s | \mathbf{z}_t)$ からサンプリングを行う。$\mathbf{z}_s^b$ は通常の生成過程からサンプリングするのに対し、$\mathbf{z}_s^a$ は毎回、前向き拡散過程で得られた $q(\mathbf{z}_s^a | \mathbf{x}^a)$ からサンプリングして置き換える。

このようなサンプリングは一見正しそうにみえるが、$\mathbf{x}^a$ 側の復元が $\mathbf{z}^b$ を含めた $\mathbf{z}$ によってどのように変わるかが考慮されていない。そこで、$\mathbf{x}_\theta^b$ の更新を次のように変更する。

$$\tilde{\mathbf{x}}_\theta^b(\mathbf{z}_t) = \hat{\mathbf{x}}_\theta^b(\mathbf{z}_t) - \frac{w_r \alpha_t}{2} \nabla_{\mathbf{z}_t^b} \|\mathbf{x}^a - \hat{\mathbf{x}}_\theta^a(\mathbf{z}_t)\|^2$$

ただし、$\hat{\mathbf{x}}_\theta^a(\mathbf{z}_t)$ は、デノイジングモデルで復元した際に推定した条件部であり、$w_r > 1$ は条件付きサンプリングと同様に、どの程度 $\mathbf{x}^a$ 側の復元を考慮するかを表す逆温度である。直観的には、潜在変数が条件部も正しく復元できるような方向に更新されることを意味する。

これは、条件付きガイダンスと同様に調整していることから、復元ガイダン

スとよばれる。

　この補正も加えた上で、後続フレームを生成するように学習されたモデル
は、長時間の動画を生成することができた。

　また同様に、現在の画像を条件として周辺の画素を条件付き生成によって補
完することができ、無限の広さをもったパノラマ画像生成も実現できる。

5.3　意味の抽出と変換

　拡散モデルは、データ空間と最終的に得られる潜在変数（ノイズ）の間の相
互情報量が 0 であり、潜在変数がデータの意味をもつことはない。そのため、
潜在空間中で潜在変数が滑らかに遷移した場合に、対応する入力データが突然
変わってしまう問題がある。確率フロー ODE の場合は、入力データと潜在変
数が 1 対 1 対応し、潜在変数の滑らかな変化に対し、入力データも滑らかに
変化する。このような潜在変数は、異なる入力データでも対応関係を作れるよ
うな優れた表現になっていることもわかってきている。

　より積極的に意味を抽出するアプローチとして、Diffusion AutoEncoders
[39] は、最初に画像を符号化器で潜在ベクトル $\mathbf{z}_{\mathrm{sem}} = \mathrm{Enc}_\phi(\mathbf{x}_0)$ に変換し、次
に、ベクトルで条件付けした拡散モデルで、従来と同じくノイズを予測するよ
うに学習する。

$$L(\theta, \phi) = \sum_{t=1}^{T} \mathbb{E}_{\mathbf{x}_0, \epsilon_t} \left[\|\epsilon_\theta(\mathbf{x}_t, t, \mathbf{z}_{\mathrm{sem}}) - \epsilon_t\|^2 \right]$$

　この損失を最小化するように、デノイジングのパラメータ θ と符号化器の
パラメータ ϕ の最適化を行う。

　このようにして得られた潜在ベクトルは、画像全体の情報を要約した情報を
もち、例えば 2 つの画像間の連続的な補完は、これらの画像から得られた潜
在ベクトルを線形補完して得られた潜在ベクトルから実現できる。また、潜在
ベクトルを使って、画像に対する様々な分類タスクなども高精度で実現できる。

5.4 音声の合成と強調

音声合成と音声強調における拡散モデルの利用をみていく。音声合成では、テキストからの音響特徴量の生成 [40] や、音響特徴量からの音声波形の生成 [41] [42] に拡散モデルが使われる。また最近では、テキストから直接に音声波形を生成する拡散モデル [43] も提案されている。

テキストからの音声合成(TTS; text-to-speech)は、拡散モデルが広く成功した分野である。音声合成では、テキスト、リズム、イントネーション、スタイルなどで条件付けして音声を合成する。音声は高次元データであり、例えば 24 kHz の音声を 1 秒間生成する場合、2 万 4000 次元からなるデータとなる。

こうした音声データの生成には、GAN や自己回帰モデルが成功していたが、それぞれ次のような問題があった。GAN は学習が安定しないという問題があった他、目的関数や生成時の条件付けを後から自由に設定することが難しかった。また、自己回帰モデルを使う場合は、対数尤度最大化で学習するため、学習は安定化するが逐次的にデータを生成する必要があるため、生成速度が遅いという問題があった。

拡散モデルを使った音声合成は、こうした課題を克服し、安定した学習を達成しつつ、様々な条件付けをガイダンスによって後から加えることができる。また全次元を並列に生成でき、次元数に応じて並列に更新できる利点がある。初期の拡散モデルによる逆拡散過程は、ステップ数が多く遅いという欠点はあったものの、改良によって現在は、音声を再生する速度よりも高速に生成できるようになっている。

さらに、音声を生成する場合に、目標話者の書き起こし文がない場合でも学習できるような手法も登場している。条件無し拡散モデルを学習し、次に分類器ガイダンスや話者情報を表す埋め込みベクトルを推定し、それらで条件付けを行う。この条件付けに使う分類器は、どの話者かを予測するようなモデルを用いることもできる。例えば、10 秒程度のサンプルがあれば、それを使って目標話者の口調に合わせることができると報告されている。

こうした条件付けは訓練データから生成した真の音響特徴量を条件付けと

して学習し、別モデルが生成した音響特徴量で条件付けして音声波形を生成する。この場合、学習時と利用時にドメインギャップが存在するが、他の手法に比べて汎化能力が高いことが報告されている。この理由として考えられるのは、拡散モデルによる生成モデルは、生成時に前の生成結果が多少ずれていたとしても、修正することのできる能力をもっている(スコア関数で対数尤度が大きい方向に常に動かせる)ことである。これに対し、従来モデルは生成過程でずれた場合に修正できず、こうしたずれは過程を経るにつれ大きくなってしまう恐れがある。

5.5 化合物の生成と配座

前章では対称性を使った化合物配座を紹介したが、ここではそれ以外の化合物向けのアプリケーションについて手短に紹介する。

拡散モデルの生成対象として、分子構造が与えられた時の分子の配座(座標)[44] や、原子の種類と配座の両方 [45] が挙げられる。また、空間方向に同じパターンが無限に広がったような結晶構造を対象に生成できるモデルも提案されている [46]。こうした生成では、並進対称性、回転対称性をもつことが重要であり、拡散モデルを使った生成モデルは、こうした対称性をモデルで考慮することができる。

分子動力学(MD)法の高速化として、複数ステップ先の MD 法の結果を条件付き生成する例もある [47]。また、タンパク質の系列生成や構造生成を行う例や、モチーフ(一部構造)がわかっている時に残りの構造を生成する例 [48] なども提案されている。

5.6 敵対的摂動に対する頑健性向上

拡散モデルは、敵対的摂動に対する頑健性向上にも有効である [49]。

ニューラルネットワークを使ったモデルは、入力に人間では気づかないようなわずかな摂動を加えて、分類／予測結果を任意の結果に変えられることが知られている。このような悪意のあるノイズを敵対的摂動とよぶ。また、入力に

敵対的摂動が加えられたサンプルを、敵対的サンプルとよぶ。

この敵対的摂動を防ぐために、敵対的摂動を加えた訓練データも加えて学習する敵対的訓練が使われているが、この場合、訓練時に使った特定の攻撃に対してしか頑健性を向上できない。

この問題に対して、拡散モデルを使った敵対的精製(adversarial purification)とよばれる手法は、推論時に適用する手法であり、敵対的摂動を加えられたサンプルから摂動の影響を除くことができる。

敵対的精製ははじめに、敵対的サンプルに拡散過程によるノイズを途中の時刻まで加える。この時刻は、加えたノイズにより敵対的摂動が埋もれてしまうぐらい大きいが、元の入力情報が失われない程度(逆拡散過程で元の情報が復元できる程度)とする。次にノイズが加えられたデータを拡散モデルの逆拡散過程によって復元する。こうすることによって、敵対的摂動よりも拡散過程によって加えられたノイズの方が支配的になっている場合、敵対的摂動の影響は逆拡散過程で取り除くことができる。

以上は直観的な説明だが、正確には、元の入力分布が拡散過程によって攪乱された攪乱後分布と、任意の敵対的摂動を加えた後の入力分布の攪乱後分布間のKLダイバージェンスが、攪乱を加えるほど小さくなることは証明でき、敵対的摂動の影響を小さくできることが示せる。その場合に、逆拡散過程により画像の元の分類／予測結果が変わらないかどうかは、データのもつ特徴などに依存する。また、拡散過程により加わるノイズはランダムであるため、攻撃者がそれを利用して攻撃することはできないという利点もある。

この敵対的精製は、従来の敵対的摂動に対する頑健性を向上させる手法よりも高い頑健性をもつことがわかっている。

5.7 データ圧縮

拡散モデルは、歪み有りデータ圧縮に利用することができる。歪み有りデータ圧縮とは、データを圧縮して復元した時に、元のデータが完全には復元されないが、完全に復元できる歪み無しデータ圧縮に対して高い圧縮率を達成することができる、というものである。

　拡散モデルによる歪み有りデータ圧縮は、圧縮時に符号化が必要ないという優れた特徴がある。さらに、従来の最高性能の歪み有りデータ圧縮と比べても、それらを超えるほどの性能を達成する。

　拡散モデルを使ったデータ圧縮は、符号化時にはデータに拡散過程によるノイズを途中まで加えたデータを送信／保存し、復号化時にはノイズが加えられたデータを受け取った後に、拡散モデルの逆拡散過程を使って復元する。この時、ノイズが加えられたデータを、元のデータを保存するよりも少ないビット数で効率よく保存することができる。具体的には、データ $\mathbf{x}$ とノイズ付加後のデータ $\mathbf{z}$ 間の相互情報量 $I(\mathbf{x}, \mathbf{z}_t)$ で符号化できることがわかっている。これを逆チャンネル符号化とよぶ [50]。復元する際は、特定のデータが必要なわけではなく、ノイズが加えられたデータであればどれでもよいという点に注意されたい。加えるノイズが強くなるほど、相互情報量は小さくなり、送らなければいけないビット数は減る。例えば、ノイズが支配的である完全な正規分布からのサンプルを送る場合は、入力 $\mathbf{x}$ とその相互情報量は 0 であり、この場合、復元側は何の情報も使わずに正規分布 $\mathcal{N}(\mathbf{0}, \mathbf{I})$ からサンプリングすればよい。拡散モデルによる復元が期待できるまで、データを歪ませることができる。

　画像圧縮用途では、最高圧縮率を達成している BPG（Better Portable Graphics）やニューラルネットワークを使った圧縮手法を超える圧縮率／復元品質のトレードオフを、拡散モデルは達成することができる。

第 5 章のまとめ

　本章では、拡散モデルを使った代表的なアプリケーションを紹介した。拡散モデルは、従来の生成モデルが使われていた領域だけでなく、従来は生成が難しかった問題に対しても積極的に使われている。また、拡散過程や逆拡散過程がもつ特徴を生かした、敵対的摂動への頑健性向上や、圧縮などの新しいアプリケーションについても述べた。

付 録

A.1 事前分布が正規分布、尤度が線形の正規分布の場合の事後確率分布

事前分布が $p(x) = \mathcal{N}(\mu_A, \sigma_A^2)$、尤度の平均が条件 x に対し線形で表される正規分布 $p(y|x) = \mathcal{N}(ax, \sigma_B^2)$ の事後確率分布 $p(x|y)$ は、次の通り求められる。

$$p(x|y)$$
$$\propto p(x)p(y|x) \quad (\text{ベイズの定理より})$$
$$\propto \exp\left(-\frac{\|x - \mu_A\|^2}{2\sigma_A^2}\right)\exp\left(-\frac{\|y - ax\|^2}{2\sigma_B^2}\right)$$
$$\propto \exp\left(\left(-\frac{1}{2\sigma_A^2} - \frac{a^2}{2\sigma_B^2}\right)x^2 + \left(\frac{\mu_A}{\sigma_A^2} + \frac{ay}{\sigma_B^2}\right)x\right)$$
$$\propto \exp\left(-\frac{\|x - \tilde{\mu}\|^2}{2\tilde{\sigma}^2}\right)$$

ただし、

$$\frac{1}{\tilde{\sigma}^2} = \frac{1}{\sigma_A^2} + \frac{a^2}{\sigma_B^2}$$
$$\tilde{\mu} = \tilde{\sigma}^2\left(\frac{\mu_A}{\sigma_A^2} + \frac{ay}{\sigma_B^2}\right)$$

つまり、事後確率分布 $p(x|y)$ は平均が $\tilde{\mu}$、分散が $\tilde{\sigma}^2$ の正規分布 $\mathcal{N}(\tilde{\mu}, \tilde{\sigma}^2)$ となる。

A.2　ELBO

生成モデルとして、はじめに潜在変数 $\mathbf{z}$ が事前分布 $p(\mathbf{z})$ から $\mathbf{z} \sim p(\mathbf{z})$ と生成され、次に潜在変数に条件付けられ、観測変数 $\mathbf{x}$ が生成器 $p(\mathbf{x}|\mathbf{z})$ によって $\mathbf{x} \sim p(\mathbf{x}|\mathbf{z})$ と生成されている場合を考える。このような生成モデルは、潜在変数モデルとよばれる。潜在変数と観測変数の同時確率は、次のように与えられる。

$$p(\mathbf{x}, \mathbf{z}) = p(\mathbf{x}|\mathbf{z})p(\mathbf{z})$$

また、観測変数の尤度は、潜在変数を周辺化して得られる。

$$p(\mathbf{x}) = \int_{\mathbf{z}} p(\mathbf{x}|\mathbf{z})p(\mathbf{z})\mathrm{d}\mathbf{z}$$

学習時には対数尤度最大化を行うが、尤度計算に積分が含まれているため、このままでは計算できない。そこで、対数尤度の変分下限を最大化することで学習することを考える。

はじめに Jensen の不等式を説明する。$f(z)$ を凸関数、$y(z)$ を任意の関数、$p(z)$ を確率密度関数とし、いずれも積分を求められるとする。このとき次が成り立つ。

$$\int_{z} f(y(z))p(z)\mathrm{d}x \geq f\left(\int_{z} y(z)p(z)\mathrm{d}x\right)$$

これは、凸関数上の任意の点群の凸包は、常に凸関数より上にあることを示している。

次に、生成器 $p(\mathbf{x}|\mathbf{z})$ に加えて認識器 $q(\mathbf{z}|\mathbf{x})$ を用意し、次のように対数尤度を式変形する。

$$
\begin{aligned}
\log p(\mathbf{x}) &= \log\left(\int_{\mathbf{z}} p(\mathbf{x}|\mathbf{z})p(\mathbf{z})\mathrm{d}\mathbf{z}\right) \\
&= \log\left(\int_{\mathbf{z}} \frac{q(\mathbf{z}|\mathbf{x})p(\mathbf{x}|\mathbf{z})p(\mathbf{z})}{q(\mathbf{z}|\mathbf{x})}\mathrm{d}\mathbf{z}\right) \quad (\text{分子と分母に } q(\mathbf{z}|\mathbf{x}) \text{ を掛ける}) \\
&\geq \int_{\mathbf{z}} q(\mathbf{z}|\mathbf{x}) \log \frac{p(\mathbf{x}|\mathbf{z})p(\mathbf{z})}{q(\mathbf{z}|\mathbf{x})}\mathrm{d}\mathbf{z} \quad (\text{Jensen の不等式を適用})
\end{aligned}
$$

$$= \mathbb{E}_{q(\mathbf{z}|\mathbf{x})} \left[\log \frac{p(\mathbf{x}|\mathbf{z})p(\mathbf{z})}{q(\mathbf{z}|\mathbf{x})} \right]$$

この対数尤度の下限を与える式を、対数尤度の変分下限(ELBO; Evidence Lower Bound)とよぶ。ELBO は、元の対数尤度とは違ってモンテカルロ推定で対数尤度の下限の不偏推定を得ることができ、$q(\mathbf{z}|\mathbf{x})$ と $p(\mathbf{x}|\mathbf{z})$ について同時に最大化していくことで尤度最大化を達成できる(詳しくは [2] を参照)。

A.3　シグナルとノイズを使った確率フロー ODE の導出

シグナルとノイズを使った確率フロー ODE の導出を説明する。これらの証明は [8] を参考にした。

本文では拡散過程の確率微分方程式が

$$\mathrm{d}\mathbf{x} = f(t)\mathbf{x}\mathrm{d}t + g(t)\mathrm{d}\mathbf{w}$$

で与えられた時、その確率フロー ODE は

$$\mathrm{d}\mathbf{x} = [f(t)\mathbf{x} - \frac{1}{2}g(t)^2 \nabla_{\mathbf{x}} \log p_t(\mathbf{x})]\mathrm{d}t$$

で与えられることをみた。

一方、拡散過程を確率微分方程式のドリフト係数 $f(t)$ と拡散係数 $g(t)$ ではなく、拡散過程の周辺分布のシグナルの大きさ $s(t)$ とノイズの大きさ $\sigma(t)$ で特徴付けることができ、拡散過程の周辺分布が次のように表される場合、

$$p_{0t}(\mathbf{x}_t|\mathbf{x}_0) = \mathcal{N}(\mathbf{x}_t; s(t)\mathbf{x}_0, s(t)^2\sigma(t)^2\mathbf{I})$$

となり、その確率フロー ODE は次のように与えられる。

$$\mathrm{d}\mathbf{x} = \left[\frac{s'(t)}{s(t)}\mathbf{x} - s(t)^2\sigma'(t)\sigma(t)\nabla_{\mathbf{x}} \log p\left(\frac{\mathbf{x}}{s(t)}; \sigma(t)\right) \right]\mathrm{d}t$$

この確率フロー ODE は、特に $s(t) = 1$ の場合に単純化されて

$$\mathrm{d}\mathbf{x} = -\sigma'(t)\sigma(t)\nabla_{\mathbf{x}} \log p(\mathbf{x}; \sigma(t))\mathrm{d}t$$

と与えられる。

このシグナルの大きさ $s(t)$ とノイズの大きさ $\sigma(t)$ で表した場合の確率フロー ODE の式を以下に示す。

各時刻のシグナルの大きさを $s(t)$、ノイズの大きさを $\sigma(t)$、また時刻 $t=0$ の時のデータ分布を $p_0(\mathbf{x}_0)$ とし、その時の確率変数を $\mathbf{x}_0$ とすると、拡散過程の時刻 t の周辺分布 $p_t(\mathbf{x})$ は次のように与えられる。

$$
\begin{aligned}
p_t(\mathbf{x}) &= \int_{\mathbb{R}^d} p_{0t}(\mathbf{x}|\mathbf{x}_0)p_0(\mathbf{x}_0)\mathrm{d}\mathbf{x}_0 \\
&= \int_{\mathbb{R}^d} p_0(\mathbf{x}_0)\left[\mathcal{N}(\mathbf{x}; s(t)\mathbf{x}_0, s(t)^2\sigma(t)^2\mathbf{I})\right]\mathrm{d}\mathbf{x}_0 \\
&= \int_{\mathbb{R}^d} p_0(\mathbf{x}_0)\left[s(t)^{-d}\mathcal{N}(\mathbf{x}/s(t); \mathbf{x}_0, \sigma(t)^2\mathbf{I})\right]\mathrm{d}\mathbf{x}_0 \\
&= s(t)^{-d}\int_{\mathbb{R}^d} p_0(\mathbf{x}_0)\mathcal{N}(\mathbf{x}/s(t); \mathbf{x}_0, \sigma(t)^2\mathbf{I})\mathrm{d}\mathbf{x}_0 \\
&= s(t)^{-d}\int_{\mathbb{R}^d} p_0(\mathbf{x}_0)\mathcal{N}(\mathbf{x}/s(t) - \mathbf{x}_0; \mathbf{0}, \sigma(t)^2\mathbf{I})\mathrm{d}\mathbf{x}_0 \\
&= s(t)^{-d}\left[p_0 * \mathcal{N}(\mathbf{0}, \sigma(t)^2\mathbf{I})\right](\mathbf{x}/s(t))
\end{aligned}
$$

ただし $*$ は関数間の畳み込み操作であり、

$$
(f * g)(t) = \int f(\tau)g(t - \tau)\mathrm{d}\tau
$$

と定義される。この畳み込み後の分布

$$
p(\mathbf{x}; \sigma(t)) = p_0 * \mathcal{N}(\mathbf{0}, \sigma(t)^2\mathbf{I})
$$

は元のデータ分布 p_0 にガウシアンノイズを加えた時の分布に対応する。これにより $p_t(\mathbf{x})$ は

$$
p_t(\mathbf{x}) = s(t)^{-d}p(\mathbf{x}/s(t); \sigma(t))
$$

と表される。

次に、確率フロー ODE の式中の $p_t(\mathbf{x})$ を $p(\mathbf{x}/s(t); \sigma(t))$ で置き換えることを目指す。

$$\mathrm{d}\mathbf{x} = \left[f(t)\mathbf{x} - \frac{1}{2}g(t)^2 \nabla_\mathbf{x} \log p_t(\mathbf{x}) \right] \mathrm{d}t$$

$$= \left[f(t)\mathbf{x} - \frac{1}{2}g(t)^2 \nabla_\mathbf{x} \log \left[s(t)^{-d} p(\mathbf{x}/s(t); \sigma(t)) \right] \right] \mathrm{d}t$$

$$= \left[f(t)\mathbf{x} - \frac{1}{2}g(t)^2 \left[\nabla_\mathbf{x} \log s(t)^{-d} + \nabla_\mathbf{x} \log p(\mathbf{x}/s(t); \sigma(t)) \right] \right] \mathrm{d}t$$

$$(\nabla_\mathbf{x} \log s(t)^{-d} = 0)$$

$$= \left[f(t)\mathbf{x} - \frac{1}{2}g(t)^2 \nabla_\mathbf{x} \log p(\mathbf{x}/s(t); \sigma(t)) \right] \mathrm{d}t \tag{A.1}$$

ここで、確率微分方程式の $f(t)$ を $s(t)$ で表せるように、ドリフト係数とシグナルとの関係の式([15] 参照)を変形していくと、次のようになる。

$$\exp \left(\int_0^t f(\xi)\mathrm{d}\xi \right) = s(t)$$

$$\int_0^t f(\xi)\mathrm{d}\xi = \log s(t)$$

$$\mathrm{d}\left[\int_0^t f(\xi)\mathrm{d}\xi \right] /\mathrm{d}t = \mathrm{d}\left[\log s(t) \right] /\mathrm{d}t$$

$$f(t) = s'(t)/s(t)$$

同様に、$g(t)$ を $\sigma(t)$ で表せるように、$g(t)$ と $\sigma(t)$ の関係式を変形していくと次のようになる。

$$\sqrt{\int_0^t \frac{g(\xi)^2}{s(\xi)^2} \mathrm{d}\xi} = \sigma(t)$$

$$\int_0^t \frac{g(\xi)^2}{s(\xi)^2} \mathrm{d}\xi = \sigma(t)^2$$

$$\mathrm{d}\left[\int_0^t \frac{g(\xi)^2}{s(\xi)^2} \mathrm{d}\xi \right] /\mathrm{d}t = \mathrm{d}\sigma(t)^2/\mathrm{d}t$$

$$g(t)^2/s(t)^2 = 2\sigma'(t)\sigma(t)$$

$$g(t)/s(t) = \sqrt{2\sigma'(t)\sigma(t)}$$

$$g(t) = s(t)\sqrt{2\sigma'(t)\sigma(t)}$$

得られた $f(t)$ と $g(t)$ を式(A.1)に代入すると次のようになる。

$$
\begin{aligned}
\mathrm{d}\mathbf{x} &= \left[f(t)\mathbf{x} - \frac{1}{2}g(t)^2 \nabla_{\mathbf{x}} \log p(\mathbf{x}/s(t); \sigma(t)) \right] \mathrm{d}t \\
&= \left[\left[s'(t)/s(t) \right] \mathbf{x} - \frac{1}{2} \left[s(t)\sqrt{2\sigma'(t)\sigma(t)} \right]^2 \nabla_{\mathbf{x}} \log p(\mathbf{x}/s(t); \sigma(t)) \right] \mathrm{d}t \\
&= \left[\frac{s'(t)}{s(t)}\mathbf{x} - s(t)^2\sigma'(t)\sigma(t)\nabla_{\mathbf{x}} \log p\left(\frac{\mathbf{x}}{s(t)}; \sigma(t) \right) \right] \mathrm{d}t
\end{aligned}
$$

A.4　条件付き生成問題

推定問題が線形の逆問題として定式化できるような条件付き生成問題の場合、生成品質と生成速度を改善できることを説明する。詳細については文献[36][37] などを参照してほしい。

推定したい対象データ $\mathbf{x} \in \mathbb{R}^n$ から観測データ $\mathbf{y} \in \mathbb{R}^m$ が次のような線形方程式で与えられる場合を考える。

$$
\mathbf{y} = \mathbf{H}\mathbf{x} + \epsilon, \quad \mathbf{H} \in \mathbb{R}^{m \times n} \tag{A.2}
$$

ただし $\epsilon \in \mathbb{R}^m$ は観測ノイズである。例えば、対象データ $\mathbf{x}$ が画像のような構造をもつ場合も、1 列に並べられ n 次元ベクトルで表されていることに注意されたい。

この時、観測データから元の対象データを生成するような条件付き生成確率 $p(\mathbf{x}|\mathbf{y})$ を得ることが目標である。例えば、超解像、補完、着色、トモグラフィー（CT, MRI）などの問題は、こうした線形方程式の逆問題と考えることができる。

条件付き生成問題は、条件付きスコア $\nabla_{\mathbf{x}} \log p_t(\mathbf{x}|\mathbf{y})$ を使って $p(\mathbf{x}|\mathbf{y})$ からサンプルを得ることができるが、ここでは逆問題であることを利用する。この場合、条件無しスコアを推定したモデル $s_\theta = \nabla_{\mathbf{x}} \log p_t(\mathbf{x})$ を使って逆向き時間の SDE に従って遷移した後に、逆問題の制約を課すように更新する。

$$
\begin{aligned}
\mathbf{x}'_{i-1} &= \mathbf{f}(\mathbf{x}_i, s_\theta) + g(i)\mathbf{z}, \quad \mathbf{z} \sim \mathcal{N}(\mathbf{0}, \mathbf{I}) \\
\mathbf{x}_i &= \mathbf{A}\mathbf{x}'_{i-1} + \mathbf{b}_i
\end{aligned} \tag{A.3}
$$

ただし、確率微分方程式のドリフト係数 $\mathbf{f}(\mathbf{x}_i, s_\theta)$ と拡散係数 $g(i)$ は逆向き時間の SDE の式から求まり、また、制約適用で表される $\mathbf{A}, \mathbf{b}_i$ は $\mathbf{H}, \mathbf{y}_0, \mathbf{x}_0$ によって決まる関数である。各問題ごとに $\mathbf{H}, \mathbf{A}, \mathbf{b}$ は決定される [36] [37]。

例えば、補完の場合、観測データは次のように決定される。

$$\mathbf{y} = \mathbf{P}\mathbf{x} + \epsilon, \quad \mathbf{P} \in \mathbb{R}^{m \times n} \tag{A.4}$$

ただし、$\mathbf{P} \in \{0, 1\}^{m \times n}$ であり、各列が観測された値の位置のみ 1、それ以外は 0 となっている行列とみなすことができる。この場合、復元の式(A.3)は次の通りとなる。

$$\mathbf{A} = \mathbf{I} - \mathbf{P}^\mathsf{T}\mathbf{P}$$
$$\mathbf{b}_i = \mathbf{P}^\mathsf{T}\hat{\mathbf{x}}_i$$

この場合、$\mathbf{A}\mathbf{x}'_{i-1} = \mathbf{x}'_{i-1} - \mathbf{x}'_{i-1}\mathbf{P}^\mathsf{T}\mathbf{P}$ は補完対象の領域だけを切り出した結果、$\mathbf{b}_i$ は補完対象以外の領域(条件部)についてノイズレベルをあわせて加えたものとみなせる。

このような条件付き生成の場合、完全なノイズからスタートするのではなく、与えられた条件にノイズを途中まで加えた状態(例えば超解像の場合は $t = 0.1 \sim 0.2$)からスタートしても復元することができ、完全なノイズからスタートした場合と比べて高速に処理することができる。

このように高速に処理できるのは、制約に使っている $\mathbf{A}$ が次のような非拡大的写像であるためである。

$$\|\mathbf{A}\mathbf{x} - \mathbf{A}\mathbf{x}'\| \leq \|\mathbf{x} - \mathbf{x}'\|, \quad \forall \mathbf{x}, \mathbf{x}'$$

この場合、誤差が指数的に減少していくことが示せる。

A.5 デノイジング暗黙的拡散モデル

DDPM やそれを一般化した拡散モデルは、サンプリング時に十分な数のステップ数を使わないと生成された品質が劣化してしまう。ここでは少ないサンプリングステップ数で高品質のサンプルを生成できるデノイジング暗黙的拡

散モデル（DDIM; Denoising Diffusion Implicit Model）[51] を紹介する。例え
ば画像生成において、DDPM や拡散モデルで高品質な生成を達成するには数
百回から数千回のステップ数を必要とするが、DDIM は 50 回以下で達成でき
る。

　後で詳しくみていくように、DDIM は学習自体は DDPM と同じ目的関数
で最適化でき、サンプリング時にあたかも別の推論（拡散）モデルを使った場合
の逆拡散過程をたどるようにしてサンプリングする。

　DDPM の目的関数は、次のように表されることを思い出してほしい。

$$L_\gamma(\theta) = \sum_{t=1}^{T} w_t \mathbb{E}_{\mathbf{x}_0, \epsilon} \left[\| \epsilon - \epsilon_\theta(\sqrt{\bar{\alpha}_t}\mathbf{x}_0 + \sqrt{\bar{\beta}_t}\,\epsilon, t) \|^2 \right]$$

この式では拡散過程の各時刻 t の周辺確率 $q(\mathbf{x}_t|\mathbf{x}_0)$（目的関数中では変数変換
によって $\mathbf{x}_t = \sqrt{\bar{\alpha}_t}\mathbf{x}_0 + \sqrt{\bar{\beta}_t}\,\epsilon$ と表されている）のみに依存し、同時確率
$q(\mathbf{x}_{1:T}|\mathbf{x}_0)$ には依存していないことに注意する。

　そこで、次のような同時確率分布をもつ確率モデル q_σ を導入する。

$$q_\sigma(\mathbf{x}_{1:T}|\mathbf{x}_0) := q_\sigma(\mathbf{x}_T|\mathbf{x}_0) \prod_{t=2}^{T} q_\sigma(\mathbf{x}_{t-1}|\mathbf{x}_t, \mathbf{x}_0)$$

ただし、

$$q_\sigma(\mathbf{x}_T|\mathbf{x}_0) = \mathcal{N}(\sqrt{\bar{\alpha}_T}\mathbf{x}_0, \bar{\beta}_T\mathbf{I})$$

$$q_\sigma(\mathbf{x}_{t-1}|\mathbf{x}_t, \mathbf{x}_0)$$

$$= \mathcal{N}\left(\mathbf{x}_{t-1}; \sqrt{\bar{\alpha}_{t-1}}\mathbf{x}_0 + \sqrt{\bar{\beta}_{t-1} - \sigma_t^2} \cdot \frac{\mathbf{x}_t - \sqrt{\bar{\alpha}_t}\mathbf{x}_0}{\sqrt{\bar{\beta}_t}}, \sigma_t^2\mathbf{I} \right) \quad (\text{A.5})$$

である。この $q_\sigma(\mathbf{x}_{t-1}|\mathbf{x}_t, \mathbf{x}_0)$ の式はすべての $t > 1$ について、周辺確率
$q_\sigma(\mathbf{x}_t|\mathbf{x}_0)$ が次のように DDPM の周辺確率と一致するように導出されている。

$$q_\sigma(\mathbf{x}_t|\mathbf{x}_0) = \mathcal{N}(\sqrt{\bar{\alpha}_t}\mathbf{x}_0, \bar{\beta}_t\mathbf{I})$$

　このモデル $q_\sigma(\mathbf{x}_{t-1}|\mathbf{x}_t, \mathbf{x}_0)$ は直前の変数 $\mathbf{x}_t$ だけでなく、入力 $\mathbf{x}_0$ にも依存
している（図 A.1）。そのため、以降 q を拡散過程ではなく推論過程とよぶこ

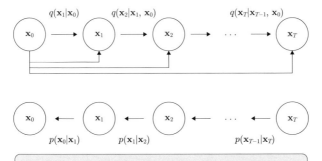

推論モデルが直前の状態 $\mathbf{x}_{i-1}$ だけでなく入力 $\mathbf{x}_0$ にも依存するようにする。目的関数は DDPM と同じであり、サンプリングが変わるだけで高速化できる

図 A.1

とにする。

　この DDIM は DDPM を特殊ケースとして含んでおり、$\sigma_t^2 = \dfrac{\bar{\beta}_{n-1}}{\bar{\beta}_n}\beta_n$ とした場合、DDPM と一致する。DDIM の生成過程 $p(\mathbf{x}_{0:T};\theta)$ は DDPM と同様であるが、推論は $\mathbf{x}_0$ にも依存する。この推論モデルを使った上での対数尤度の変分下限は、

$$
\begin{aligned}
L_\sigma &= \mathbb{E}_q[\log q_\sigma(\mathbf{x}_{1:T}|\mathbf{x}_0) - \log p(\mathbf{x}_{0:T};\theta)] \\
&= \mathbb{E}_q\Bigg[q_\sigma(\mathbf{x}_T|\mathbf{x}_0) + \sum_{t=2}^{T} \log q_\sigma(\mathbf{x}_{t-1}|\mathbf{x}_t,\mathbf{x}_0) \\
&\quad - \sum_{t=1} T\log p^{(t)}(\mathbf{x}_{t-1}|\mathbf{x}_t;\theta) - \log p(\mathbf{x}_T;\theta) \Bigg]
\end{aligned}
$$

と表される。この式を展開すると、L_σ は DDPM で利用する目的関数と各時刻の重みが違うだけで、定数分しか違わないことが示せる。

　そのため、利用しているモデルが異なる時刻 t でモデルを共有していない場合、DDPM の目的関数で学習した場合と DDIM の目的関数で学習した場合の最適なモデルは一致する。実際に使うモデルは時刻ごとのモデルを共有しており、これが成り立たないが、モデルの表現力が十分大きければ近づくことが保証できると考えられる。この仮定に基づいて、DDPM と同様に学習しサン

プリング時に σ を調整することで、より少ないステップ数でデータをサンプリングすることができる。

以上をまとめると、DDIM を使う場合は DDPM もしくは拡散モデルの目的関数を用いて学習し、サンプリング時のみ、異なる方法でサンプリングする。

はじめにノイズが含まれた観測データ $\mathbf{x}_t$ から、ノイズが除去されたサンプル $\mathbf{x}_0$ を予測する。次に、この $\mathbf{x}_0$ を使って拡散過程 $q_\sigma(\mathbf{x}_{t-1}|\mathbf{x}_t, \mathbf{x}_0)$ の事後確率分布を推定することを考える。

$$q_\sigma(\mathbf{x}_t|\mathbf{x}_0) = \mathcal{N}(\sqrt{\bar{\alpha}_t}\mathbf{x}_0, \bar{\beta}_t\mathbf{I})$$

$$\mathbf{x}_t = \sqrt{\bar{\alpha}_t}\mathbf{x}_0 + \sqrt{\bar{\beta}_t}\,\epsilon, \quad \epsilon \sim \mathcal{N}(\mathbf{0}, \mathbf{I})$$

$$\mathbf{x}_0 = \frac{1}{\sqrt{\bar{\alpha}}}(\mathbf{x}_t - \sqrt{\bar{\beta}_t}\,\epsilon)$$

これに基づき、デノイジング関数を

$$f^{(t)}(\mathbf{x}_t;\theta) := \frac{1}{\sqrt{\bar{\alpha}}}(\mathbf{x}_t - \sqrt{\bar{\beta}_t}\,\epsilon^{(t)}(\mathbf{x}_t;\theta))$$

と表すことにする。そして生成過程を次のように定義する。

$$p^{(t)}(\mathbf{x}_{t-1}|\mathbf{x}_t;\theta) = \begin{cases} \mathcal{N}(f^{(1)}(\mathbf{x}_1;\theta), \sigma_1^2\mathbf{I}) & (t = 0 \text{ の場合}) \\ q_\sigma(\mathbf{x}_{t-1}|\mathbf{x}_t, f^{(t)}(\mathbf{x}_t;\theta)) & (\text{それ以外の場合}) \end{cases}$$

この生成過程からサンプリングすることを考える。

$$\mathbf{x}_{t-1} = \sqrt{\bar{\alpha}_{t-1}}\underbrace{\left(\frac{\mathbf{x}_t - \sqrt{\bar{\beta}_t}\,\epsilon^{(t)}(\mathbf{x}_t;\theta)}{\sqrt{\bar{\alpha}_t}}\right)}_{\text{予測された } \mathbf{x_0}} + \underbrace{\sqrt{\bar{\beta}_{t-1} - \sigma_t^2}\cdot\epsilon^{(t)}(\mathbf{x}_t;\theta)}_{\mathbf{x}_t\text{への方向}} + \underbrace{\sigma_t\epsilon_t}_{\text{ランダムノイズ}}$$

ここで特殊例として、すべての t において $\sigma_t = 0$ とし、拡散過程として $\mathbf{x}_{t-1}$, $\mathbf{x}_0$ が与えられた時、ランダムノイズはなくなり、決定的な過程となる。

この DDIM は、DDPM によるサンプリングに比べて少ない回数でサンプリングできることが報告されていたが、なぜ高速化できるかはよくわかっていなかった。

その後、DDIM は、データ分布がデータが 1 点しかないディラック・デルタ分布の場合、サンプリングする経路上では、真のスコア関数に対応するデノイジング関数は定数であることが示された。この経路上では進む方向は一定であり、1 回のサンプリングで復元することができる。そして、その場合の復元経路が DDIM による復元経路と一致することが示された [52]。つまり DDIM はディラック・デルタ分布でデノイジング関数が正確である場合、1 回のサンプリングで正確にデノイジングすることができる。

実際の生成対象のデータはディラック・デルタ分布ではないが、低次元多様体上に分布していると仮定すると、拡散過程のデータ点に近いところで同様の議論が成り立つことを示すことができ、その間はデノイジング関数は一定になることが示せる。このような場合、DDIM は少ないサンプリング数でも離散化誤差は小さく、サンプルを正確に復元できる。これが、DDIM が少ないサンプリング数でも高品質のサンプルを得られる理由の 1 つであると考えられる。

A.6 逆拡散過程の確率微分方程式の証明

データ分布から事前分布に向かって変化していく拡散過程の SDE が与えられた時、逆拡散過程の SDE を導く証明 [16] を説明する。

SDE におけるコルモゴロフ前向き方程式（フォッカー–プランク方程式）とコルモゴロフ後ろ向き方程式を利用して証明する。コルモゴロフ前向き／後ろ向き方程式自体の証明については、例えば確率微分方程式の教科書 [14] [15] を参照してほしい。

証明

簡略化のために、スカラー値を変数とした SDE を考える。

$$dx_t = \mu(x_t)dt + \sigma(t)dw$$

またドリフト係数は入力のみに依存し（本文中では $\mu(x_t) = f(t)\mathbf{x}_t$ の場合を扱っている）、拡散係数は時刻のみに依存するとする。

この SDE を時刻 $t = 0 \to 1$ まで動かした時の各時刻の周辺分布 $p(x_t)$ と、同

じ周辺分布 $p(x_t)$ をもつ、逆向きの時間に進む SDE が次のような形をもつことを示す。

$$\mathrm{d}x_t = \left(-\mu(x_t) + \sigma(t)^2 \partial_{x_t} \log p(x_t)\right)\mathrm{d}t + \sigma(t)\mathrm{d}\tilde{w}$$

ただし $t = 1 \rightarrow 0$ であり、$\tilde{w}$ は時刻 t から 0 まで逆向きにたどった時の標準ウィーナー過程であり、$\mathrm{d}t$ は逆向きの無限小ステップである。

　この逆向きの時間に進む SDE を使って、完全なノイズから、データ分布からのサンプルを得ることができる。

　確率分布 $p(x_t)$ がどのように時間発展していくかを表すコルモゴロフ前向き方程式（フォッカー–プランク方程式）（KFE）は次のように表される。

$$\partial_t p(x_t) = -\partial_{x_t}[\mu(x_t)p(x_t)] + \frac{1}{2}\partial_{x_t}^2[\sigma(t)^2 p(x_t)]$$

これに対し、コルモゴロフ後ろ向き方程式（KBE）は、$s \geq t$ について次のように定義される。

$$-\partial_t p(x_s|x_t) = \mu(x_t)\partial_{x_t}p(x_s|x_t) + \frac{1}{2}\sigma(t)^2\partial_{x_t}^2 p(x_s|x_t)$$

ここからの証明では、$s \geq t$ での同時確率 $p(x_s, x_t)$ についての時間微分の式を変形していき、逆向き時間のコルモゴロフ前向き方程式の形に変換し、そこから逆向き時間の SDE を導出する。

　$s \geq t$ での同時確率 $p(x_s, x_t)$ について次が成り立つ。

$$p(x_s, x_t) = p(x_s|x_t)p(x_t)$$

この式の両辺に -1 を掛けて、t についての偏微分をとると

$$
\begin{aligned}
-\partial_t p(x_s, x_t) &= -\partial_t[p(x_s|x_t)p(x_t)] \\
&= \underbrace{-\partial_t p(x_s|x_t)}_{\text{KBE}}p(x_t) - p(x_s|x_t)\underbrace{\partial_t p(x_t)}_{\text{KFE}} \\
&= \left(\mu(x_t)\underbrace{\partial_{x_t}p(x_s|x_t)}_{(1)} + \frac{1}{2}\sigma(t)^2\partial_{x_t}^2 p(x_s|x_t)\right)p(x_t)
\end{aligned}
$$

$$+ p(x_s|x_t) \left(\underbrace{\partial_{x_t}[\mu(x_t)p(x_t)]}_{(2)} - \frac{1}{2}\partial_{x_t}^2[\sigma(t)^2 p(x_t)] \right)$$

となる。上式の $(1), (2)$ はそれぞれ次のように展開される。

$$
\begin{aligned}
(1): \ \partial_{x_t} p(x_s|x_t) &= \partial_{x_t}\left[\frac{p(x_s, x_t)}{p(x_t)} \right] \\
&= \frac{\partial_{x_t} p(x_s, x_t) p(x_t) - p(x_s, x_t)\partial_{x_t} p(x_t)}{p(x_t)^2} \\
&= \frac{\partial_{x_t} p(x_s, x_t)}{p(x_t)} - \frac{p(x_s, x_t)\partial_{x_t} p(x_t)}{p(x_t)^2}
\end{aligned}
$$

$$(2): \ \partial_{x_t}[\mu(x_t)p(x_t)] = \partial_{x_t}\mu(x_t)p(x_t) + \mu(x_t)\partial_{x_t} p(x_t)$$

$(1), (2)$ を先の式に代入すると、次のようになる。

$$
\begin{aligned}
-\partial_t p&(x_s, x_t) \\
&= \mu(x_t)\left(\frac{\partial_{x_t} p(x_s, x_t)}{p(x_t)} - \frac{p(x_s, x_t)\partial_{x_t} p(x_t)}{p(x_t)^2} \right)p(x_t) \\
&\quad + p(x_s|x_t)\partial_{x_t}\mu(x_t)p(x_t) + p(x_s|x_t)\mu(x_t)\partial_{x_t} p(x_t) \\
&\quad + \frac{1}{2}\sigma(t)^2\partial_{x_t}^2 p(x_s|x_t)p(x_t) - \frac{1}{2}p(x_s|x_t)\partial_{x_t}^2[\sigma(t)^2 p(x_t)] \\
&= \mu(x_t)\left(\partial_{x_t} p(x_s, x_t) - \frac{p(x_s, x_t)\partial_{x_t} p(x_t)}{p(x_t)} \right) \\
&\quad + p(x_s|x_t)\partial_{x_t}\mu(x_t)p(x_t) + p(x_s|x_t)\mu(x_t)\partial_{x_t} p(x_t) \\
&\quad + \frac{1}{2}\sigma(t)^2\partial_{x_t}^2 p(x_s|x_t)p(x_t) - \frac{1}{2}p(x_s|x_t)\partial_{x_t}^2[\sigma(t)^2 p(x_t)] \\
&= \mu(x_t)\left(\partial_{x_t} p(x_s, x_t) - p(x_s|x_t)\partial_{x_t} p(x_t) \right) \\
&\quad + p(x_s|x_t)\partial_{x_t}\mu(x_t)p(x_t) + p(x_s|x_t)\mu(x_t)\partial_{x_t} p(x_t) \\
&\quad + \frac{1}{2}\sigma(t)^2\partial_{x_t}^2 p(x_s|x_t)p(x_t) - \frac{1}{2}p(x_s|x_t)\partial_{x_t}^2[\sigma(t)^2 p(x_t)]
\end{aligned}
$$

$$
\begin{aligned}
&= \underbrace{\mu(x_t)\partial_{x_t}p(x_s,x_t) + p(x_s,x_t)\partial_{x_t}\mu(x_t)}_{\text{積の微分法則: } \partial_{x_t}[\mu(x_t)p(x_s,x_t)]} + \frac{1}{2}\sigma(t)^2\partial_{x_t}^2 p(x_s|x_t)p(x_t) \\
&\quad - \frac{1}{2}p(x_s|x_t)\partial_{x_t}^2[\sigma(t)^2 p(x_t)] \\
&= \partial_{x_t}[\mu(x_t)p(x_s,x_t)] + \underbrace{\frac{1}{2}\sigma(t)^2\partial_{x_t}^2 p(x_s|x_t)p(x_t) - \frac{1}{2}p(x_s|x_t)\partial_{x_t}^2[\sigma(t)^2 p(x_t)]}_{A}
\end{aligned}
$$

次の目標は $\partial_{x_t}^2$ をまとめることである。2 次の偏微分の項をまとめられるように A にいくつか加えると、次のように $\partial_{x_t}^2$ でまとめられる。

$$
\begin{aligned}
&A + p(x_s|x_t)\partial_{x_t}^2[\sigma(t)^2 p(x_t)] + \partial_{x_t}p(x_s|x_t)\partial_{x_t}[p(x_t)\sigma(t)^2] \\
&= \frac{1}{2}\partial_{x_t}^2 p(x_s|x_t)p(x_t)\sigma(t)^2 + \partial_{x_t}p(x_s|x_t)\partial_{x_t}[p(x_t)\sigma(t)^2] \\
&\quad + \frac{1}{2}p(x_s|x_t)\partial_{x_t}^2[p(x_t)\sigma(t)^2] \\
&= \frac{1}{2}\partial_{x_t}^2[p(x_s|x_t)p(x_t)\sigma(t)^2]
\end{aligned}
$$

先ほどの式の Λ に、上式の Λ についてを代入すると

$$
\begin{aligned}
&-\partial_t p(x_s,x_t) \\
&= \partial_{x_t}[\mu(x_t)p(x_s,x_t)] + \frac{1}{2}\partial_{x_t}^2[p(x_s|x_t)p(x_t)\sigma(t)^2] \\
&\quad \underbrace{- p(x_s|x_t)\partial_{x_t}^2[\sigma(t)^2 p(x_t)] - \partial_{x_t}p(x_s|x_t)\partial_{x_t}[p(x_t)\sigma(t)^2]}_{\text{積の微分法則: } \partial_{x_t}[p(x_s|x_t)\partial_{x_t}[\sigma(t)^2 p(x_t)]]} \\
&= \partial_{x_t}[\mu(x_t)p(x_s,x_t)] + \frac{1}{2}\partial_{x_t}^2[p(x_s|x_t)p(x_t)\sigma(t)^2] \\
&\quad - \partial_{x_t}[p(x_s|x_t)\partial_{x_t}[\sigma(t)^2 p(x_t)]] \\
&= \partial_{x_t}[\mu(x_t)p(x_s,x_t) - p(x_s|x_t)\partial_{x_t}[\sigma(t)^2 p(x_t)]] + \frac{1}{2}\partial_{x_t}^2[p(x_s|x_t)p(x_t)\sigma(t)^2] \\
&= \partial_{x_t}\left[p(x_s,x_t)\left(\mu(x_t) - \frac{1}{p(x_t)}\partial_{x_t}[\sigma(t)^2 p(x_t)]\right)\right] + \frac{1}{2}\partial_{x_t}^2[p(x_s,x_t)\sigma(t)^2] \\
&= -\partial_{x_t}\left[p(x_s,x_t)\left(-\mu(x_t) + \frac{1}{p(x_t)}\partial_{x_t}[\sigma(t)^2 p(x_t)]\right)\right] + \frac{1}{2}\partial_{x_t}^2[p(x_s,x_t)\sigma(t)^2]
\end{aligned}
$$

この同時確率 $p(x_s,x_t)$ について、ライプニッツの積分定理により ∂_t に影響を与えないまま x_s について積分をとり、x_s を周辺化消去することができる。こ

れより、次式を得る。

$$-\partial_t p(x_t) = -\partial_{x_t}\left[p(x_t)\left(-\mu(x_t)+\frac{1}{p(x_t)}\partial_{x_t}[\sigma(t)^2 p(x_t)]\right)\right]+\frac{1}{2}\partial_{x_t}^2[p(x_t)\sigma(t)^2]$$

$\tau = 1-t$ と変数変換すると、

$$-\partial_t p(x_t) = \partial_\tau p(x_{1-\tau})$$
$$= -\partial_{x_{1-\tau}}\left[p(x_{1-\tau})\left(-\mu(x_{1-\tau})+\frac{1}{p(x_{1-\tau})}\partial_{x_{1-\tau}}[\sigma(1-\tau)^2 p(x_{1-\tau})]\right)\right]$$
$$+\frac{1}{2}\partial_{x_{1-\tau}}^2[p(x_{1-\tau})\sigma(1-\tau)^2]$$

である。この式はコルモゴロフ前向き方程式と同じ形をしており、$x_{1-\tau}=u_\tau$ とすると、

$$du_\tau = \left(-\mu(u_\tau)+\frac{1}{p(u_\tau)}\partial_{u_\tau}[\sigma(\tau)^2 p(u_\tau)]\right)d\tau + \sigma(\tau)d\tilde{w}_\tau$$

という SDE で表される。

$\sigma(\tau)$ が入力に非依存なので外に出すことができ、また $\partial \log p(x) = \dfrac{\partial p(x)}{p(x)}$ という関係を使って、

$$du_\tau = \left(-\mu(u_\tau)+\frac{\sigma(\tau)^2}{p(u_\tau)}\partial_{u_\tau}p(u_\tau)\right)d\tau + \sigma(\tau)d\tilde{w}_\tau$$
$$du_\tau = \left(-\mu(u_\tau)+\sigma(\tau)^2\partial_{u_\tau}\log p(u_\tau)\right)d\tau + \sigma(\tau)d\tilde{w}_\tau$$

が得られる。（証明終）

A.7　非ガウシアンノイズによる拡散モデル

本書ではガウシアンノイズを拡散過程に用いたモデルを紹介してきた。ガウシアンノイズを使った場合、任意時刻の撹乱後の周辺分布 $p(x_t|x_0)$ を解析的に求められるという優れた性質があるが、ガウシアンノイズ以外を拡散過程に使ったモデルも提案されている。

例えば Cold Diffusion [53] はガウシアンノイズの代わりに、ブラー、ダウンサンプリング、マスキングなど、画像を劣化させる操作を拡散過程とみなして

利用し、それらを復元する過程を学習することにより生成モデルを学習することができることを示した。その一方で、これらの方法によって学習されたモデルの生成品質は、現時点ではガウシアンノイズを拡散過程に使ったモデルよりも劣っていると報告されている。

また、データに直接ノイズを加えるのではなく、補助変数も加えた上で、補助変数にノイズを与え、その補助変数が速度を表し、データを破壊していくCritically-Damped Langevin Diffusion [54] が提案されている。この場合、データ分布のスコアを推定する代わりに、それよりずっと簡単なデータ条件付けの速度分布を推定するタスクを行うため、学習が簡単になることが期待される。

拡散過程はデータの生成過程を逆向きにたどる過程であることから、もしデータの生成過程をうまく表現できていてそれを効率的に破壊するような拡散過程を定義することができれば、汎化性能を改善し、効率的に学習することができると考えられる。

一方で、こうした別の拡散過程を利用した場合は、生成モデルとしての性質について様々な保証をすることができず、実際どのような性質があるのかについては未解明な部分が多い。

A.8　Analog Bits：離散変数の拡散モデル

本書では連続データを生成対象とした拡散モデルを中心に紹介してきた。ここでは、離散データを生成対象とする Analog Bits [55] を紹介する。

基本的なアイディアは離散データを二値符号で表し、その二値符号を連続の拡散モデルで符号化するというものである。単純すぎるアプローチにみえるが、連続データに対する拡散モデルが十分強力であれば、二値符号も正確に復元できるだろうという考察の下に作られている。

例えば離散値の5を符号化する場合を考える。はじめにこれを二値符号 0101_2 として表す。左から右に最上位 bit から最下位 bit を並べている。つぎに二値符号の 0 を -1.0 に、1 を $+1.0$ に変換する。先の符号 0101_2 は次元数が 4 のベクトル $[-1.0, +1.0, -1.0, +1.0]$ に変換される。これを目標として連

続データを扱う拡散モデルで通常通り学習する。

　そして生成の際は拡散モデルが値を生成する。拡散モデルは連続データだと思って生成しているので、生成過程にはノイズも含まれており、例えば $[-0.98, +1.03, -1.05, +0.98]$ のような値が生成される。これらの値を0を閾値として0と1に変換し 0101_2 を得た後、元の5を復元する。

　Analog Bits は二値符号で表すため、大きい離散値を含む場合でも、ビット数は少なく（例えば100万までの要素は20 bit の離散値で表現でき、20次元の連続ベクトルで表現できる）、並列に生成できるため、効率的に学習推論することができる。

　実験では、Analog Bits は画像の画素値を離散化（それぞれ0〜255の値に離散化）したり、画像に条件付けしてテキストを生成するようなタスクでも、効率的に学習することができることが示された。

文　　献

[1] 岡野原大輔，ディープラーニングを支える技術――「正解」を導くメカニズム［技術基礎］. 技術評論社，2022.

[2] 岡野原大輔，ディープラーニングを支える技術〈2〉――ニューラルネットワーク最大の謎. 技術評論社，2022.

[3] M. Welling and Y. W. Teh, Bayesian Learning via Stochastic Gradient Langevin Dynamics. In Proc. ICML, 2011.

[4] A. Hyvärinen, Estimation of Non-Normalized Statistics by Score Matching. *Journal of Machine Learning Research*, 6 (24): 695-709, 2005.

[5] P. Vincent, A Connection Between Score Matching and Denoising Autoencoder. *Neural Computation*, 23 (7): 1661-1674, 2011.

[6] D. P. Kingma and Y. LeCun, Regularized Estimation of Image Statistics by Score Matching. In Proc. NIPS, 2010.

[7] J. Deasy et al., Heavy-Tailed Denoising Score Matching. arXiv:2112.09788.

[8] T. Karras et al., Elucidating the Design Space of Diffusion-Based Generative Models. In Proc. NeurIPS, 2022.

[9] Y. Song and S. Ermon, Generative Modeling by Estimating Gradients of the Data Distribution. In Proc. NeurIPS, 2019.

[10] Y. Song and S. Ermon, Improved Techniques for Training Score-Based Generative Models. In Proc. NeurIPS, 2020.

[11] J. Sohl-Dickstein et al., Deep Unsupervised Learning using Nonequilibrium Thermodynamics. In Proc. ICML, 2015.

[12] J. Ho et al., Denoising Diffusion Probabilistic Models. In Proc. NeurIPS, 2020.

[13] W. Feller., On the Theory of Stochastic Processes, with Particular Reference to Applications. *Berkeley Symposium on Mathematical Statistics and Probability*, 1: 403-432, 1949.

[14] B. エクセンダール，確率微分方程式――入門から応用まで. 谷口説男訳，丸善出版，2012.

[15] S. Särkkä and A. Solin, *Applied Stochastic Differential Equations*. Cambridge University Press, 2019.

[16] B. D. O. Anderson, Reverse-Time Diffusion Equation Models. *Stochastic Processes and their Applications*, 12 (3)：313–326, 1982.

[17] C.-W. Huang et al., A Variational Perspective on Diffusion-Based Generative Models and Score Matching. In Proc. NeurIPS, 2021.

[18] Y. Song et al., Maximum Likelihood Training of Score-Based Diffusion Models. In Proc. NeurIPS, 2021.

[19] R. T. Q. Chen et al., Neural Ordinary Differential Equations. In Proc. NeurIPS, 2018.

[20] J. Skilling, The Eigenvalues of Mega-Dimensional Matrices. In *Maximum Entropy and Bayesian Methods*, pp. 455–466, Springer, 1989.

[21] M. F. Hutchinson, A Stochastic Estimator of the Trace of the Influence Matrix for Laplacian Smoothing Splines. *Communications in Statistics-Simulation and Computation*, 19 (2)：433–450, 1990.

[22] B. Jing et. al., Torsional Diffusion for Molecular Conformer Generation. In Proc. NeurIPS, 2022.

[23] G. E. Hinton, Training Products of Experts by Minimizing Contrastive Divergence. *Neural Computation*, 14 (8)：1771–1800, 2002.

[24] P. Dhariwal and A. Nichol, Diffusion Models Beat GANs on Image Synthesis. arXiv:2105.05233.

[25] J. Ho and T. Salimans, Classifier-Free Diffusion Guidance. arXiv:2207.12598.

[26] R. Rombach et al., High-Resolution Image Synthesis with Latent Diffusion Models. In Proc. CVPR, 2022.

[27] B. Jing et al., Subspace Diffusion Generative Models. arXiv:2205.01490.

[28] M. Xu et al., GeoDiff: a Geometric Diffusion Model for Molecular Conformation Generation. In Proc. ICLR, 2022.

[29] E. Hoogeboom et al., Equivariant Diffusion for Molecule Generation in 3D. arXiv:2203.17003.

[30] A. Ramesh et al., Hierarchical Text-Conditional Image Generation with CLIP Latents. arXiv:2204.06125.

[31] C. Saharia et al., Photorealistic Text-to-Image Diffusion Models with Deep Language Understanding. arXiv:2205.11487.

[32] https://midjourney.com/

[33] J. Wolleb et al., The Swiss Army Knife for Image-to-Image Translation: Multi-Task Diffusion Models. arXiv:2204.02641.

[34] C. Saharia et al., Image Super-Resolution via Iterative Refinement.

arXiv:2104.07636.

[35] C. Saharia et al., Palette: Image-to-Image Diffusion Models. arXiv: 2111.05826.

[36] H. Chung et al., Come-Closer-Diffuse-Faster: Accelerating Conditional Diffusion Models for Inverse Problems through Stochastic Contraction. In Proc. CVPR, 2022.

[37] H. Chung et al., Improving Diffusion Models for Inverse Problems using Manifold Constraints. In Proc. NeurIPS, 2022.

[38] J. Ho et al., Video Diffusion Models. In Proc. NeurIPS, 2022.

[39] K. Preechakul et al., Diffusion Autoencoders: Toward a Meaningful and Decodable Representation. In Proc. CVPR, 2022.

[40] S. Kim et al., Guided-TTS 2: A Diffusion Model for High-quality Adaptive Text-to-Speech with Untranscribed Data. arXiv:2205.15370.

[41] N. Chen et al., WaveGrad: Estimating Gradients for Waveform Generation. In Proc. ICLR, 2021.

[42] Z. Kong et al., DiffWave: A Versatile Diffusion Model for Audio Synthesis. In Proc. ICLR, 2021.

[43] N. Chen et al., WaveGrad 2: Iterative Refinement for Text-to-Speech Synthesis. In Proc. INTERSPEECH, 2021.

[44] M. Xu et al., GeoDiff: a Geometric Diffusion Model for Molecular Conformation Generation. In Proc. ICLR, 2022.

[45] E. Hoogeboom et al., Equivariant Diffusion for Molecule Generation in 3D. In Proc. ICML, 2022.

[46] T. Xie et al., Crystal Diffusion Variational Autoencoder for Periodic Material Generation. In Proc. ICLR, 2022.

[47] F. Wu et al., A Score-based Geometric Model for Molecular Dynamics Simulations. arXiv:2204.08672v1.

[48] B. L. Trippe et al., Diffusion probabilistic modeling of protein backbones in 3D for the motif-scaffolding problem. arXiv:2206.04119.

[49] W. Nie et al., Diffusion Models for Adversarial Purification. In Proc. ICML, 2022.

[50] L. Theis and N. Yoscri, Algorithms for the Communication of Samples. In Proc. ICML, 2022.

[51] J. Song et al., Denoising Diffusion Implicit Models. In Proc. ICLR, 2021.

[52] Q. Zhang et al., gDDIM: Generalized denoising diffusion implicit models.

文　　献

arXiv:2206.05564.

[53] A. Bansal et al., Cold Diffusion: Inverting Arbitrary Image Transforms Without Noise. arXiv:2208.09392.

[54] T. Dockhorn et al., Score-Based Generative Modeling with Critically-Damped Langevin Diffusion. arXiv:2112.07068.

[55] T. Chen et al., Analog Bits: Generating Discrete Data using Diffusion Models with Self-Conditioning. arXiv:2208.04202.

索 引

英数字

Jensen の不等式　112
KL ダイバージェンス　10
SDE 表現の逆拡散過程　69
SE(3)　98
Skilling-Hutchinson trace 推定　76

あ 行

暗黙的スコアマッチング(ISM; Implicit Score Matching)　17
暗黙的生成モデル　8
エネルギー関数　4
エネルギーベースモデル　4
オイラー・丸山法　72
音声合成(TTS; text-to-speech)　107

か 行

ガイダンススケール　86
拡散過程　39
拡散係数　66
撹乱　36
撹乱後分布　36
確率層　78
確率微分方程式(SDE; Stochastic Differential Equations)　66
確率フロー ODE　73
　シグナルとノイズで表される——　77
画像　104
観測変数　40
幾何　94

逆 KL ダイバージェンス　11
逆拡散過程　39
逆チャンネル符号化　110
コルモゴロフ前向き方程式(フォッカー–プランク方程式)　74

さ 行

再生性　41
最尤推定　5
シグナルノイズ比(S/N 比)　54
事後分布崩壊(Posterior Collapse)　78
条件付きスコア　85
条件付き生成　2, 85
常微分方程式(ODE; Ordinary Differential Equations)　72
スコア　13
スコア関数　13
スコアベースモデル(SBM; Score Based Model)　16, 33
生成モデル　1
摂動後分布　23
潜在変数　40
潜在変数モデル　33, 40

た 行

対称性　82, 94
多様体仮説　12
超解像　104
ディラックのデルタ関数　28
敵対的精製(adversarial purification)　109

敵対的生成モデル　　8
敵対的摂動　　87, 108
デノイジング拡散確率モデル（DDPM;
　　Denoising Diffusion Probabilistic
　　Model）　　33, 39
デノイジングスコアマッチング（DSM）
　　22, 24
伝承サンプリング　　40
同変　　95
ドリフト係数　　66
ドロップアウト　　87

な 行
ニューラル ODE　　74
ノイズスケジュール　　40

は 行
配座　　96
非正規化確率密度関数　　4
標準ウィーナー過程　　66
復元ガイダンス　　105
部分空間拡散モデル　　90
不変　　95
ブラウン運動　　66
プラグイン逆向き SDE　　72
分散発散型 SDE（VE-SDE）　　68
分散発散型拡散過程
　　（Variance-Exploding Diffusion
　　Process）　　55

分散保存型 SDE（VP-SDE）　　69
分散保存型拡散過程
　　（Variance-Preserving Diffusion
　　Process）　　55
分配関数　　4
分類器ガイダンス　　86
分類器無しガイダンス　　87
変数変換トリック　　43
変分下限（ELBO; Evidence Lower
　　Bound）　　33, 44, 113
変分自己符号化器（VAE）　　6
補完　　104

ま 行
マルコフ連鎖モンテカルロ法（MCMC
　　法）　　12
明示的スコアマッチング（ESM;
　　Explicit Score Matching）　　16
モード崩壊　　11

や 行
尤度　　1, 5
尤度ベースモデル　　5
予測器–補正器サンプリング（predictor
　　corrector sampling）　　72

ら 行
ランジュバン・モンテカルロ法　　14
連続時間モデル　　61

岡野原大輔

1982 年生まれ．2010 年東京大学大学院情報理工学
系研究科博士課程修了，情報理工学博士．2006 年
Preferred Infrastructure を共同で創業，2014 年 Pre-
ferred Networks（PFN）を共同で創業．PFN 代表取
締役最高研究責任者および Preferred Computational
Chemistry 代表取締役社長を務める．

拡散モデル ── データ生成技術の数理

2023 年 2 月 17 日　第 1 刷発行
2023 年 3 月 16 日　第 4 刷発行

著　者　岡野原大輔
　　　　おかのはらだいすけ

発行者　坂本政謙

発行所　株式会社　岩波書店
　　　　〒101-8002 東京都千代田区一ツ橋 2-5-5
　　　　電話案内 03-5210-4000
　　　　https://www.iwanami.co.jp/

印刷・法令印刷　カバー・半七印刷　製本・牧製本

K 理 論	M. F. アティヤ 松尾信一郎 監訳 川辺治之 訳	A5 判 214 頁 定価 3960 円
ソフトウェア工学の基礎 改訂新版	玉井哲雄	A5 判 342 頁 定価 4290 円
テキストアナリティクス 第 4 巻 テキストデータマネジメント ── 前処理から分析へ	波多野賢治 編著 天 笠 俊 之 鈴 木 優 著 宮 崎 純 楠 和 馬	A5 判 242 頁 定価 3960 円

岩波数学叢書

流 体 数 学 の 基 礎 (上)(下)	柴 田 良 弘	A5 判 (上)340 頁 (下)346 頁 定価各 8140 円
ラフパス理論と確率解析	稲 濱 譲	A5 判 238 頁 定価 6820 円
楕 円 曲 面	桂 利 行	A5 判 256 頁 定価 6600 円
モ チ ー フ 理 論	山 崎 隆 雄	A5 判 334 頁 定価 8140 円

━━━━ 岩 波 書 店 刊 ━━━━

定価は消費税 10% 込です
2023 年 3 月現在